Oliver Lang

DAS GROSSE BUCH VOM MESSER

Alles über das wichtigste Werkzeug der Menschheit

WIELAND

Oliver Lang

Das große Buch vom Messer

Alles über das wichtigste Werkzeug der Menschheit

3. Auflage, 2024

ISBN 978-3-938711-84-2

Wieland Verlag GmbH
Rosenheimer Str. 22
83043 Bad Aibling
Telefon 0 80 61/3 89 98-0
Fax 0 80 61/3 89 98-20
www.wieland-verlag.com

Gestaltung, Satz: Caroline Wydeau
Titelfoto und übrige Fotos, soweit nicht anders angegeben: Oliver Lang
Lektorat: Dr. Can Dörtbudak, Dr. Stefan Schmalhaus
Schlussredaktion: Karola Wieland

Druck: Print Consult

MIX Papier aus verantwortungsvollen Quellen FSC® C084279

Printed in EU

Inhalt

Vorwort

Obwohl es erst Mitte März und noch früh am Morgen ist, wärmen die Sonnenstrahlen bereits. Das weiß ich so genau, weil ich eben erst vor dem Computerbildschirm ankomme. Davor war ich draußen, um an eine abgebrochene Messerklinge eine neue Spitze zu schleifen – die ersten Züge zum Glätten der Bruchkanten noch auf den Natursteinen des Terrassenpflasters, den Rest dann auf einem groben Schruppstein und mit Hilfe von Schleifpapier. Aus der ehemals typisch mediterranen Klingenform, die einem Salbeiblatt ähnelte, wurde so eine etwas kürzere „katalanische Santoku-Klinge".

Das Messer stammt von Pallarès Solsona aus Spanien. Die Spitze hatte es einmal beim unvorsichtigen Hantieren verloren. Seitdem fristete das Carbonstahl-Messer ein Dasein als Paketöffner und Testmesser. Sie sehen die ramponierte Klinge auf Seite 183 dieses Buchs, wo sie zur Demonstration des Schärfens auf Flusskieseln verwendet wird. Neu würde dieses Messer gerade mal elf Euro kosten.

Warum dann der Aufwand? Weil die Arbeit und Expertise, die David, der Inhaber von Pallarès Solsona, in die Herstellung des Messers investiert hat, es wert sind. Weil es mir gefällt: Es erinnert mich an die Capuchadou, die täglich benutzten feststehenden Messer der französischen Landarbeiter des 19. Jahrhunderts. Weil es ein handliches, gutes Messer ist, das man genauso gut für ein Picknick wie zum Schneiden eines Seils oder das Anspitzen eines Stocks benutzen kann. Und weil das Umarbeiten des Messers auch Spaß macht.

Wenn Sie sich durch diese persönlichen Beweggründe angesprochen fühlen, dann ist dieses Buch etwas für Sie. Wenn Sie die spannende Welt, die hinter einem so vermeintlich einfachen Werkzeug wie einem Messer steckt, entdecken wollen, dann finden Sie hier, was Sie suchen. Sie erfahren hier, warum Messer so aussehen, wie sie es tun, wie man Messer fertigt und schmiedet, pflegt und schärft.

Übrigens: Das Messer auf dem Buchrücken ist das erste Messer, an das ich mich bewusst erinnern kann. Es gehörte meinem Vater und seinem älteren Bruder, die beide in den 1930ern geboren wurden. Früher lag es in einer blauen, metallenen Werkzeugkiste und war unerreichbar für mich.

Inzwischen sind das Messer und die Werkzeugkiste längst bei mir – und sogar in diesem Buch – angekommen. Mein Vater konfiszierte zwar regelmäßig meine scharfen Neuerwerbungen, doch hat er mich in jungen Jahren trotzdem inspiriert: Wenn er allabendlich das Brotmesser schwang, um freihändig vollkommen gleichmäßige Scheiben abzusäbeln.

Dieses Buch wäre nicht entstanden ohne die Hilfe von zahlreichen Menschen. Mein Dank gilt allen Messermachern und Messerschmieden, die mich herzlich einluden und so direkten Einblick in ihre Arbeitsweisen ermöglichten, allen voran Heiner Schmidbauer und Tobias Haselmayr. Außerdem bedanke ich mich bei den leidenschaftlichen Messerherstellern, die mir die Geschichte des Messers und ihrer Messer näher brachten. Hier möchte ich vor allem Giselheid Herder-Scholz (Herder), Sal und Eric Glesser (Spyderco), Wolfgang Lantelme (Passion France), Henning Ritter (Hubertus) und Stefan Rosenkaimer (Linder) nennen. Mein herzlicher Dank geht auch an alle Messerhersteller und -händler für die Zusendung von Test- und Fotomustern und an Mark Christensen von Blade HQ. Ich danke nicht zuletzt Ulrich Gerfin und Roman Landes, die ihr wertvolles Wissen über Stähle und Klingen im Messerforum und in Büchern so freizügig preisgeben, außerdem meinem Verleger für sein Vertrauen, Karola Wieland für die Motivation und Schlussredaktion, Dr. Stefan Schmalhaus und Dr. Can Dörtbudak für das Lektorat und ganz besonders Caroline Wydeau, die dieses Buch mit Geduld und Gefühl gestaltete.

Hinter jedem guten Messer steckt eine Idee, eine Geschichte, eine Welt aus Physik und Chemie, Handwerk und Kunst. Die Entdeckungsreise beginnt.

Oliver Lang
Übersee, März 2017

Ein simples Messer, und doch ein Stück mit ideellem Wert: Die abgebrochene Klinge des spanischen Pallarès Solsona wurde vom Autor mit einfachsten Mitteln wieder gebrauchsfähig gemacht.

OPINEL
Carbone
S30V
MORAKNIV
SOG
RECON 1
CRKT
MARTOR - SIMPEL
OUTRAGE
Ken Onion
DESIGN

Faszination Messer

Schneidende Handwerkzeuge gehören zu den ältesten Werkzeugen der Menschheit. Für viele Anthropologen und Kulturwissenschaftler sind sie zugleich auch die wichtigsten.

Schaut man auf den Beginn der Menschwerdung zurück, erkennt man die Bedeutung des Messers in vollem Umfang: Mit der ersten scharfkantig zugeschlagenen Feuersteinknolle änderten sich die Möglichkeiten der Nahrungsbeschaffung, die Essgewohnheiten und damit auch das Zusammenleben der Menschen. Erst mit dem Messer und seinen scharfen „Nachkommen", dem Beil und später der Säge, war es möglich, weitere Werkzeuge und Lebensumwelten zu erschaffen, die den Menschen Sicherheit gaben und sie in ihrer Entwicklung voranbrachten.

Ist das vielleicht der Grund, warum so viele von uns auch in der heutigen, hochmodernen Welt einem archaischen – und vermeintlich simplen – Werkzeug wie dem Messer so viel Interesse, Achtung und Wertschätzung entgegenbringen? Liegt der Wunsch nach dem perfekten Messer in unseren Genen?

Das ist möglich. Doch trotz des Verlangens nach einem guten Messer, trotz der langen gemeinsamen Geschichte, trotz des praktischen Nutzens: Viele Menschen wissen oft nicht mehr, was ein gutes Messer ausmacht und woran man es erkennt, wie man damit umgeht, wie man es sicher und effektiv benutzt, wie man es pflegt und schärft.

Das wird sich nach der Lektüre dieses Buchs ändern. Lassen Sie sich von der „Faszination Messer" anstecken. Tauchen Sie ein in den spannenden Messerkosmos, der sie von A wie ABS bis Z wie Zytel führt (beides sind Kunststoffe, die für Messergriffe verwendet werden). Werden Sie zum leidenschaftlichen Messerprofi und erfahren Sie alles über Messer, was man wissen muss.

Das lohnt sich, denn wer sein perfektes Messer gefunden hat, wird es nicht mehr missen wollen. Doch seien Sie gewarnt, denn die

In den Kotten, wie sie typisch für die Solinger Messerindustrie waren, wurden die großen Schleifsteine durch Wasserkraft angetrieben.

Mit der ersten scharfkantig zugeschlagenen Feuersteinknolle änderten sich die Möglichkeiten und Lebensumstände der Menschen grundlegend.

Kupferwerkzeuge waren ein großer Fortschritt. Ötzi, dessen Todeszeitpunkt zwischen 3359 und 3105 v. Chr. bestimmt wurde, nutzte bereits ein Kupferbeil.

Foto: Südtiroler Archäologiemuseum, www.iceman.it

Erfahrung zeigt: Kaum glaubt man, nun endgültig das ideale Messer gefunden zu haben, kommt eine neue Verlockung daher. Die Welt der Messer ist einfach zu faszinierend und vielseitig. Es gibt viel zu entdecken.

Die Geschichte des Messers

Schon vor rund 3,4 Millionen Jahren entstanden die ersten, speziell geformten Steinwerkzeuge. Dabei blieb es eine sehr lange Zeit. Erst mit der Entdeckung der Metallgewinnung vor rund 7000 Jahren kam es zu einem entscheidenden Wandel. Die Verwendung von Kupfer, später Bronze und noch einmal 1.500 Jahre später Eisen gehört in der Menschheitsgeschichte zu den wichtigsten Schritten hin zur modernen Welt, wie wir sie heute kennen.

Bronze konnte zu Waffen, Werkzeugen und Schmuck geformt werden. Das Metall war kostbar und führte zum Aufbau von Handelsbeziehungen über Tausende von Kilometern hinweg. Das Besondere an der Verwendung von Bronze ist aber auch die Tatsache, dass es sich um eine Legierung handelt, die so nicht in der Natur vorkommt.

Was hat die Menschen damals bewegt, unscheinbares Gestein so hoch zu erhitzen, dass Kupfer und Zinn ausgeschmolzen wurden? Was hat sie dazu gebracht, diese beiden Metalle in einem bestimmten Mischungsverhältnis zu verbinden und dadurch deutlich härtere Bronze herzustellen? Es grenzt an ein Wunder.

Noch „wunderbarer" ist die Nutzbarmachung des Eisens. Zwar besteht unser Erdkern zum größten Teil aus Eisen, und auch in oberflächennahen Bereichen lassen sich vielerorts Eisenerze finden. Doch das im Gestein gebundene Eisen zu gewinnen, ist extrem schwierig.

In Mitteleuropa gelang es den Menschen erst ab dem 8. Jahrhundert vor Christus. Die Grundlage dafür schufen hocheffiziente Öfen, in denen Eisenerz mit Hilfe von Holzkohle so hoch erhitzt werden konnte, dass eine sogenannte Eisenluppe entstand. Das ist ein schwammartiger, kohlenstoffhaltiger Eisenklumpen, aus dem ein fachkundiger Schmied hochwertigen Stahl gewinnen kann. Ein derartig vielseitiges und hochwertiges Material gab es bis dahin nicht. Bis ins 13. Jahrhundert hinein waren die Rennöfen – der Name ist von der „rinnenden", also abfließenden Schlacke abgeleitet – der einzige Weg zur Stahlgewinnung.

In den sogenannten Rennöfen oder Rennfeuern wurde Eisenerz geschmolzen. Zurück blieb ein mit Schlacke durchsetzter Eisenklumpen, der auch als Renneisen bezeichnet wird.

Das englischsprachige Buch „German Knife and Sword Makers" ist das Standardwerk zur Messerherstellung zwischen 1850 und 1945.

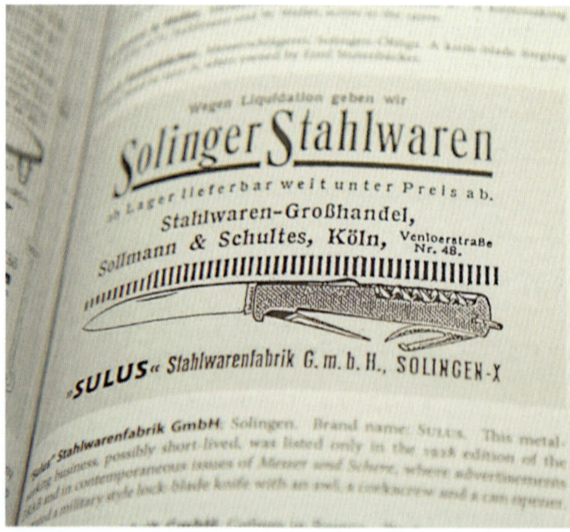

Solingen war über Jahrhunderte hinweg einer der weltweit wichtigsten Herstellungsorte für Messer und andere Schneidwaren

Abbildung aus dem Buch „German Knife and Sword Makers"

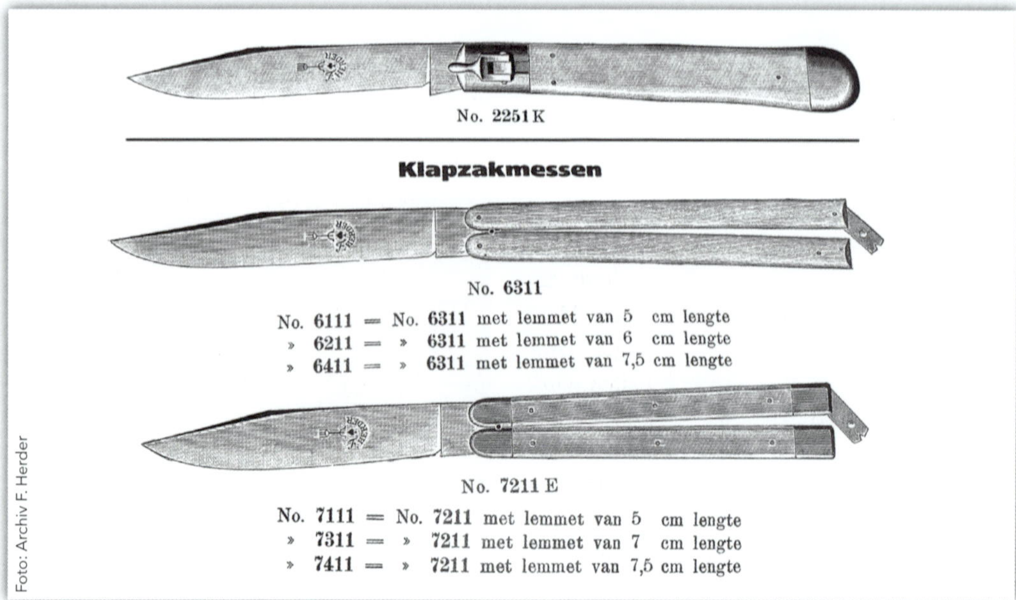

Foto: Archiv F. Herder

Die alten Musterbücher der Solinger Hersteller sind voller interessanter, aber zum Teil längst vergessener Messerformen. Die traditionellen „Butterfly-Messer" sind heute gar nicht mehr erlaubt.

Wo Erzvorkommen mit nutzbarer Wasserkraft, Holzbeständen und dem notwendigen Fachwissen zusammenkamen, entwickelten sich ab dem 13. Jahrhundert die großen Zentren der Messerherstellung, die zum Teil noch bis heute bestehen. In Europa waren das vor allem Solingen (Deutschland), Chatellerault, Nogent, Nontron, Paris und Thiers (Frankreich), Sheffield und London (England), Scarperia und Maniago (Italien), Toledo (Spanien) sowie Eskilstuna und Mora (Schweden). Auch in Japan gibt es seit Jahrhunderten traditionelle und hoch spezialisierte Standorte wie Seki. Mit europäischen Auswanderern aus England und Deutschland erreichte die Messerkunst vor über 200 Jahren auch die USA, die heute neben China zu den wichtigsten Ländern gehören, die den Weltmarkt mit scharfen Klingen versorgen.

Solingen – die deutsche Klingenstadt

Solingen in Nordrhein-Westfalen ist das unangefochtene Zentrum der deutschen Schneidwarenherstellung. Weltweit ist die Stadt am Rande des Bergischen Lands so sehr für Messer und Scheren bekannt, dass „Solingen" häufig sogar für eine Messermarke gehalten wird. Aus gutem Grund trägt der Ort daher seit 2012 ganz offiziell den Zusatz „Klingenstadt".

Schon im 13. Jahrhundert wurden im Solinger Raum Klingenwaffen gefertigt. Nachdem Solingen 1371 die Stadtrechte erhielt, zierte der Ausspruch „Me fecit Solingen" („Mich schuf Solingen") unzählige Klingen. Zunächst vor allem die von Schwertern. Auf diese Tradition ist man in Solingen stolz, was auch an vielen Straßennamen zu erkennen ist: Schwertstraße, Degenstraße, Florettweg, Klingenstraße, Messerstraße...

Im Solinger Umland gab es sämtliche Ressourcen, die man zum Schmieden und Schleifen von Klingen benötigte: Eisenerzvorkommen, Wälder mit großem Eichenbestand zum Befeuern der Schmiedeessen, viele Bäche und den Fluss Wupper, dessen Kraft Schmiedehämmer und Schleifsteine antrieb und dessen kühles Wasser den geschmiedeten Klingenstahl abschreckte und damit hart machte.

Zu den wichtigsten Ressourcen Solingens gehörte das ansässige Fachwissen: Die Handwerker waren streng in Bruderschaften organisiert. Schon zu Beginn des 15. Jahrhunderts gab es die Zünfte der Schleifer und Härter, Schwertfeger, Reider und Schwertschmiede: Der Schwertschmied brachte den Stahl mit Hammer und Amboss in Schwert-, Degen-

Foto: kamasigns / fotolia

Seit 2012 trägt Solingen ganz offiziell den Zusatz Klingenstadt. Schon zu Beginn des 15. Jahrhunderts gab es hier die Zünfte der Schwertschmiede, Schleifer und Schwertfeger.

oder Säbelform. Der Härter wandelte diesen Rohling daraufhin – durch gesteuertes Erhitzen und abruptes Abschrecken – in eine harte Klinge um. Die ging daraufhin zum Schleifer. Der arbeitete entweder im eigenen Kotten (was so viel wie „kleines Haus" bedeutet) oder hatte sich in großen Kotten eingemietet. Darin liefen, von den zahlreichen Bächen oder der Wupper angetrieben, die scheibenförmigen Schleifsteine, mit denen die Klingen ihre endgültige Form und Schärfe erhielten.

Die Schwertfeger waren es schließlich, die die Klingen glätteten und polierten, um so die vorangegangenen Arbeitsschritte zu verfeinern. Sie montierten die Einzelteile und verbanden Griff („Gefäß") und Klinge zu einem Ganzen. Die Schwertfeger waren es auch, die die Blankwaffen in den Handel brachten. Da ihre handwerklichen Fähigkeiten nicht so wesentlich waren wie die der anderen Bruderschaften, durften sie – im Gegensatz zu all den anderen Klingenhandwerkern – auch reisen.

Das Reise- und Tätigkeitsverbot für Schmiede, Schleifer und Härter sollte verhindern, dass Fachwissen abwandert und dem Standort Solingen Schaden zugefügt wird. Spätestens Mitte des 17. Jahrhunderts jedoch brachen immer mehr Solinger Fachkräfte in andere deutsche Städte auf oder wanderten aus nach Frankreich, Schweden, England, Russland und Amerika.

Das Schwertmacherhandwerk ist auch deshalb so bedeutsam, weil sich daraus die anderen Handwerkskünste entwickelten. 1571 wird die Zunft der Messermacher erstmals erwähnt. Gut 200 Jahre später (1794) schlossen sich die Scherenmacher zu einer eigenen Zunft zusammen.

Der Schweizer Messerhersteller Victorinox stellt die Evolution des Messers so dar: Vom Faustkeil der Steinzeit zum multifunktionalen Alltagsbegleiter.

Foto: Victorinox

Noch immer ist Solingen ein gefragtes europäisches Messerzentrum. Die Zunft der Messermacher ist jedoch Geschichte, und der Beruf des Messerschmieds existiert in dieser Form nicht mehr: Heute sagt man etwas spröde „Schneidwerkzeugmechaniker" dazu. Tatsächlich ist dieser Begriff technisch korrekt und präziser als der des Schmieds, denn es wird überwiegend längst nicht mehr geschmiedet. Industriell arbeitet man mit modernen Maschinen wie Lasercuttern und CNC-Fräsautomaten. Wie aus einem einfachen Stück Stahl ein Messer wird, lesen Sie in Kapitel 10.

Kapitelzusammenfassung

Scharfkantige Feuersteinknollen waren die ersten Messer der Menschheit. Zunächst handelte es sich vermutlich um Fundstücke, später wurden sie präzise und fachkundig in Form gehauen. Ihr Gebrauch veränderte das Leben und Zusammenleben der Urmenschen für immer. Das Messer ist das älteste und wichtigste Werkzeug der Menschen.

Vor rund 7000 Jahren wurden die ersten Metalle erschmolzen und Klingen daraus gefertigt. Auf Kupfer folgte die härtere Bronze-Legierung. Vor fast 3000 Jahren gelang es den Menschen erstmals, Eisen zu gewinnen und zu nutzen. Erst diese wichtigen Entwicklungsschritte machten unsere moderne Welt möglich.

Die großen Zentren der Klingenherstellung wie Sheffield in England oder Solingen in Deutschland entwickelten sich ab dem 13. Jahrhundert. Seit 2012 trägt Solingen offiziell den Titel „Klingenstadt“.

Verlässliche Begleiter

Als feststehende Messer bezeichnet man Messer, bei denen die Klinge und der Griff eine feste Einheit bilden. Im Gegensatz dazu steht das Klappmesser, das sich zusammenfalten lässt. Das feststehende Messer (auf Englisch „fixed blade“ oder nur „fixed“) – war lange Zeit das wichtigste Schneidinstrument der Menschheit, bis die Klappmesser im frühen 19. Jahrhundert ihren Siegeszug antraten.

Dennoch ist die Popularität feststehender Messer bis heute ungebrochen. Wo immer man sich in besonderem Maße auf sein Messer verlassen muss und nicht der Tragekomfort oder ein unauffälliges Mit-sich-Führen im Vordergrund stehen, sind sie die erste Wahl. Denn ein feststehendes Messer ist in der Regel belastbarer als ein Klappmesser mit seiner Vielzahl an Bauteilen. Bei einem feststehenden Messer gibt es keine Verriegelung, die versagen und den Nutzer womöglich gefährden kann. Und das Messer ist nach dem Ziehen aus der Scheide unmittelbar nutzbar und muss nicht erst aufgeklappt werden.

Beim Design eines feststehendes Messers hat der Hersteller mehr Möglichkeiten, da er keine Rücksicht auf die mechanischen Konstruktionsmerkmale nehmen muss. Leichter zu reinigen sind feststehende Messer in der Regel außerdem. Daher sind sie besonders geeignet für bestimmte Anwendungen, zum Beispiel als Jagd- und Outdoormesser, als militärische Einsatzmesser und Tauchermesser.

Konstruktionsweisen

Das maßgebliche Unterscheidungskriterium bei feststehenden Messern ist die Angel- und Griffkonstruktion. Was es mit Flach- und Steckangelmessern, Voll- und Halbintegralmessern auf sich hat, erfahren Sie hier.

Flachangelmesser

Bei einem Flachangelmesser geht die Klinge in gleicher oder geringfügig veränderter Breite und Stärke in die Angel (auch Erl genannt) über, die bis zum Griffende oder darüber hinaus reicht. Behält die Angel ihre Ausgangsstärke, spricht man von einer vollen Flachangel oder einem vollen Flacherl. Die Angel kann zum Griffende hin auch in ihrer Stärke abnehmen, was zu einer vorderlastigeren Gewichtsverteilung führt. Auch das Gesamtgewicht nimmt dadurch ab, ohne dabei die Stabilität des Messers wesentlich zu beeinträchtigen. Die Flachangel-Konstruktionsweise gilt als sehr stabil.

Flachangelmesser besitzen meist einen Griff, der aus zwei Schalen besteht, die seitlich aufgesetzt sind. Sie bestehen aus Holz, Horn oder anderen Materialien (dazu mehr im Kapitel 8) und sind in der Regel durch Nietstifte oder Schrauben mit der Angel verbunden und zusätzlich auch oft verklebt. Außerdem gibt es Ganzstahlmesser (ohne Griffschalen) und Varianten mit einer Griffwicklung aus Schnur.

Die Bezeichnungen des Messers

1) Klingenspitze
2) Schneide (Schneidfase mit Schneidkante)
3) Anschliff (hohl, flach oder ballig)
4) Ricasso („Fehlschärfe")
5) Klingenflanke oder -spiegel
6) Klingenrücken
7) Backen
8) Niet
9) Griffschale
10) Angel
11) Fangriemenöse

Foto: Puma

Bei diesem brachialen Einsatzmesser von Strider (Modell JS) ist die Flachangelkonstruktion gut zu erkennen: Die Klinge geht in gleicher Stärke in die Angel über, die bis zum Griffende reicht.

Sind die Griffbacken ein integraler Bestandteil der Klinge – also nicht aufgesetzt – spricht man von einem Halbintegral-Messer.

Foto: Messer-Werk.de

Bei einem Vollintegralmesser bestehen die Klinge als auch die vorderen und hinteren Griffbacken aus ein und demselben Stück Stahl.

Foto: Böker

Halb- und Vollintegralmesser

Bei einem Halbintegralmesser sind die Griffbacken nicht aufgesetzt, sondern aus demselben Stück Stahl herausgearbeitet wie die Klinge. Ein Vollintegralmesser besitzt zusätzlich auch noch am Griffende Backen oder einen Knauf, der ebenfalls aus dem gleichen Stück geformt und damit integraler Bestandteil der Konstruktion ist.

Halb- und Vollintegralmesser können aus dem vollen Material gefräst werden, was ein aufwändiges Verfahren ist. Bei größeren Stückzahlen ist die Fertigung in einer Gesenkschmiede sinnvoller. Dabei wird der Stahl-Rohling zur Rotglut erhitzt und in das sogenannte Untergesenk gelegt. Das Gegenstück dazu ist das Obergesenk. Die spätere Form des Messers ist als Negativvorlage in diese beiden Gesenkteile eingebracht. Um den Rohling zum Messer zu formen, lässt man einen tonnenschweren Fallhammer, der Bär genannt wird und das Obergesenk trägt, auf den Roh-

Bei Steckangel-Messern geht die Klinge in eine sich verjüngende Angel über, die später rundum vom Griff umschlossen ist. Hier ein Rohling aus Damaststahl von Ulrich Gerfin.

ling im Untergesenk fallen. Die beim Aufprall wirkenden Kräfte sind extrem hoch (der Lärm ist es auch) und formen den Stahl um.

Halb- und Vollintegralmesser gelten als besonders stabil. Durch die massiven Backen sind die Messer relativ schwer, der Balancepunkt liegt typischerweise im Griffbereich.

Steckangelmesser

Bei einer Steckangel-Konstruktion geht die Klinge in eine Angel über, die deutlich schmaler ist und meist leicht konisch zuläuft. Sie kann rund sein oder ein Vierkant-Profil aufweisen. Die Angel (auch Steckerl oder Spitzerl) wird in den Griff gesteckt und von ihm umschlossen. Typische Vertreter dieser Gattung sind traditionelle japanische Kochmesser und die nordischen Outdoormesser, wie sie seit Jahrhunderten in Schweden, Norwegen und Finnland gefertigt werden. Auch die meisten Jagd- und Einsatzmesser der legendären US-Firma Randall Made Knives werden so gefertigt.

Oft reicht die Steckangel nur ein paar Zentimeter in den Griff hinein und wird dort verklebt. Früher nutzte man dafür Birkenpech, heute gibt es für diesen Zweck hochfestes Epoxidharz. Reicht die Steckangel bis zum Griffende, kann man sie dort mit gezielten Hammerschlägen stauchen und so mit dem Griff verbinden.

Bei anderen Steckangel-Konstruktionen schneidet man ein Gewinde auf die Angel, so dass man darauf eine Griffabschlusskappe schrauben kann. Das Gewinde kann auch an eine kurze Steckangel angeschweißt oder angelötet werden. Bei modernen Steckangelmessern mit Griffen aus thermoplastischem Kunststoff wird dieser im Spritzgussverfahren direkt auf die Steckangel aufgespritzt.

Eine Steckangel-Konstruktion macht ein Messer leicht und ist bei fachgerechter Ausführung stabil genug für alle Schneidaufgaben, denen man in der Natur und auf der Jagd begegnet: Sogar die Leuku, die machetenähnlichen Haumesser der Sami (des indigenen Volks aus dem Norden Skandinaviens), werden so gebaut.

Die Steckangel-Bauweise hat weitere Vorteile: Die Hand kommt an den Kanten nicht in Kontakt mit kaltem Stahl (wie bei einem Flachangelmesser), und die Angel selbst ist – im Griffinneren mit Klebstoff versiegelt – gut vor Korrosion geschützt.

Messerscheiden

Ohne eine gute Scheide ist ein feststehendes Messer nicht komplett. Etwas zugespitzt könnte man auch sagen: Ein Messer ist nur so gut wie seine Scheide. Denn erst sie gewährt einen guten Zugriff auf das Messer, schützt den Träger während des Transports vor der Klinge und sichert gleichzeitig auch das Messer gegen Beschädigungen und Verlust. Die Scheide ist damit essenziell für die Funktionalität eines feststehenden Messers. Zudem können Scheiden auch sehr kunstvoll und hochwertig gearbeitet sein und tragen dann deutlich zur Freude am Messer bei.

Scheiden bestehen traditionell aus Leder (seltener aus Holz oder Metall). Heute werden zunehmend Kunststoffe wie Nylon oder Kydex verwendet. Eine Scheide kann ein- oder mehrteilig aufgebaut und je nach Werkstoff genäht,

Die traditionellen Messer Skandinaviens werden meist in Köcherscheiden getragen, die bis kurz vor das Griffende reichen – wie hier beim Leuku-Messer (oben). Darunter eine Steckscheide mit Griffriemen.

Wissenswertes

Kydex: leicht zu formen

Kydex ist der Handelsname eines thermoplastischen Kunststoffs. Als Material für Messerscheiden und Pistolenholster hat sich Kydex weithin durchgesetzt. Es gilt als robust, pflegeleicht, sehr gut formbar und – bei korrekter Behandlung – dauerhaft formstabil.

Erhitzt man Kydex auf rund 150° C, wird das Material weich wie Scheibenkäse und lässt sich perfekt an die Konturen eines Gegenstands anpassen. Diese Form behält das Material nach dem Abkühlen dauerhaft. Zusätzlich lässt sich Kydex auch schleifen und polieren. Und sollte man bei der Formgebung einen Fehler gemacht haben, ist auch das kein Beinbruch: Sobald man das Material wieder auf die notwendige Temperatur gebracht hat, kann man es neu anpassen, ohne Probleme befürchten zu müssen. All das macht Kydex auch zu einem beliebten Material für Hobby-Messermacher.

geklebt, verschraubt, vernietet oder im Spritzgussverfahren hergestellt sein. Bei der Verwendung von weichen Materialien wie Leder oder Nylon ist die Scheide häufig mit einer Kunststoffeinlage oder mit einer festen Lederzwischenlage (Keder genannt) ausgestattet, die ein Durchstoßen und -schneiden entlang der Naht verhindert.

Köcherscheiden

Köcherscheiden nehmen das Messer so tief auf, dass häufig nur wenige Zentimeter des Griffs hervorschauen. Diese Scheidenart ist typisch für nordische Messer. Durch eine passgenaue Formgebung und die weite Abdeckung entsteht viel Reibung zwischen Scheide und Messer und somit eine hohe Haltekraft. Eine zusätzliche Sicherung mit einem Griffriemen ist normalerweise nicht mehr nötig.

Steckscheide mit Griffriemen

Scheiden, die nur die Klinge aufnehmen, findet man relativ häufig. Auch wenn die Passform gut sein sollte, ist noch eine weitere Sicherung des Messers notwendig. Diese erfolgt meistens über einen per Klettverschluss oder Druckknopf schließbaren Riemen, der um den Griff herum läuft. Bei Messern mit ausgeprägtem Handschutz wird der Riemen gerne so angebracht, dass er diagonal über den Handschutz läuft.

Pancake-Scheide

Die „Pfannkuchenscheide“ ähnelt manchen Pistolenholstern: Typisch für die Pancake-Scheide sind die beiden integrierten Gürtelschlaufen seitlich des Messers. Sie sind oft so angebracht, dass die Scheide leicht schräg am Gürtel sitzt, was den Zugriff auf das Messer erleichtert.

Bei einer Pancake-Scheide wird der Gürtel durch zwei Schlaufen gezogen, die seitlich des Messers liegen.

Foto: Pohl Force

Alternative Trageweisen

Man kann ein Messer nicht nur am Gürtel tragen. Beliebt ist auch die Trageweise im Stiefel und um den Hals.

Stiefelmesser

Eine handliche Derringer-Pistole oder ein im Stiefelschaft verborgenes Messer, das man auch im Sitzen schnell ziehen kann, scheinen zur Grundausstattung jeder Wild-West-Pokerrunde gehört zu haben. Auch heute noch finden sich Stiefelmesser im Programm etablierter Messerhersteller.

Im Stehen ist der Zugriff auf ein Stiefelmesser durch überlappende Hosenbeine eingeschränkt. Doch im Knien, Sitzen oder Liegen, also dann, wenn ohnehin schon vielleicht irgendetwas schief gelaufen ist, kommt man unter Umständen besser an ein Stiefelmesser als an eines am Gürtel. Zugleich ist das Messer so auch außerhalb des Blicks und der Reichweite anderer. Typischerweise verfügen Stiefelmesser über eine Clip-Scheide, mit der man sie seitlich am Stiefelschaft befestigen kann. Verfügt die Scheide über Ösen, kann sie auch in die Stiefelschnürung eingeschlauft werden. Wichtig ist grundsätzlich, dass die Haltekraft der Scheide hoch genug ist, um das Messer auch bei Stürzen sicher zu fixieren, und dass die Beweglichkeit beim Laufen nicht eingeschränkt wird.

Neck Knives

Als Neck Knives bezeichnet man feststehende Messer, die man um den Hals trägt – typischerweise mit dem Griff nach unten. Kompakte Messer sind die Regel, Scheiden mit hoher Haltekraft sind ein Muss. Um die Gefahr einer Strangulation zu verringern, sollte man zum Umhängen keine Schnur verwenden, sondern eine Kugelkette mit Sollbruchstelle.

Die Trageweise um den Hals ermöglicht den Zugriff, wenn normal getragene Messer schlecht erreichbar wären, zum Beispiel weil man eine lange Jacke trägt oder Klettergeschirr im Weg ist. Auch als schnell greifbares Zweitmesser für die kleinen Aufgaben des Alltags sind Neck Knives beliebt.

Neck Knife mit Zusatzsicherung an der Scheide: Das „Always Ready" von Spyderco.

Foto: Spyderco

Mit der Clip-Lederscheide lässt sich das Eickhorn SEK II Boot Knife an Stiefeln befestigen.

Als Neck Knives nutzbare Messer von Helle, CRKT, Stefan Richle und Morakniv (von links).

Nicker sind traditionelle Jagdmesser für den waidmännischen „Gnadenstoß". Typisch ist die spitz zulaufende, fast dreieckige Klingenform. Die Angel kann als Flach- oder Steckangel ausgeführt sein.

Jagdmesser gibt es von günstigen, funktionalen Gebrauchsmessern bis hin zu edlen Sammlerstücken. Hier ein besonders schönes, handgefertigtes Steckangel-Jagdmesser vom deutschen Messermacher und Jäger Heiner Schmidbauer. Die Klinge besteht aus rostbeständigem Damasteel-Damast, der Griff aus Sambar-Hirschhorn.

Die wichtigsten Messer-Klassen

Es gibt zahlreiche Messertypen, die sich vor allem aus einem bestimmten Einsatzzweck heraus entwickelt haben. Entdecken Sie hier die bedeutendsten Messer-Klassen, ihre Entwicklungsgeschichte und die wichtigsten Vertreter.

Jagdmesser

Im Revier sind Jäger mit vielfältigen Aufgaben konfrontiert: vom Anspitzen einer Stange für den Salzleckstein bis zum „Aufbrechen" (Öffnen und Ausnehmen) des Wilds. Um das Fleisch des geschossenen Tiers hygienisch zu halten, werden möglichst rasch die Organe und der Darm entnommen. Dadurch kühlt der Körper schneller ab.

„Je erfahrener der Jäger, desto kürzer die Klinge", heißt es häufig. Das mag fürs Aufbrechen zutreffen. Doch zu den jagdlichen Aufgaben kann auch der „Blattfang" gehören, bei dem man einem angefahrenen oder anderweitig verwundeten Tier den Gnadenstoß gibt, wenn die Schusswaffe nicht verwendet werden kann. Dafür ist eine gewisse Klingenlänge notwendig. Elf Zentimeter sollten es sein.

Der Nicker ist das traditionelle Jagdmesser schlechthin und weit verbreitet. Er trägt seinen Namen, weil man mit der spitzen Klinge Rehwild durch einen Stich oberhalb des obersten Halswirbels (dem sogenannten Atlas oder Nicker) „abnicken" kann, indem man das Rückenmark durchtrennt. Auch zum Aufbrechen ist die führige Klinge eines Nickers gut geeignet.

Nicker gibt es mit den verschiedensten Konstruktionsweisen: als Steckangelmesser, Flachangel- oder gar Halb- und Vollintegralmesser. Typisch ist ein einseitiges Handschutzelement, das die Hand vor dem Abrutschen in Richtung Schneide schützt.

Zu den zwar historisch, aber kaum noch praktisch relevanten Jagdmessern gehört das Waidblatt, ein großes Hau- und Selbstschutzmesser. Saufänger sind lange, stabile Messer zum Abfangen von Wildschweinen, die an langen Stangen befestigt werden können.

Wissenswertes

Der Nicker: Jagd-, Besteckmesser und Waffe

In ihrem Buch „Messer und Besteck in der Lederhose" zitieren die Autoren Alfred Stadlbauer und Heinz Huther unter anderem Aventinus (1477-1534), der in seiner „Baierischen Chronik" dem „gemainen" bayerischen Volk zuschreibt, dass es „Tag und Nacht beim Wein sitzt, singt, tanzt, kartet, spielt und Wehr tragen mag, Schweinsspieß und lange Messer". Immer wieder wird in der Publikation ausgeführt, dass es sich bei den langen Messern um „in dem Griffe feststehende, spitzige Messer mit längeren Klingen" handelt, „welche gewöhnlich als Besteckmesser in einer offenen Seitentasche an den Beinkleidern getragen werden". Nicker also, die „für alle Fälle als Allzweckwerkzeug wie als Waffe" dabei waren.

Zum Schnitzen sind skandinavische Messer wie dieser Klassiker von Morakniv sehr gut geeignet.

Traditionell bestehen die Griffe nordischer Messer aus heimischen Hölzern oder Birkenrinde, wie hier beim finnischen Iisakki Järvenpää (unten).

Outdoormesser

In der Natur gehört ein verlässliches Messer zu den wichtigsten Werkzeugen. Mit ihm kann man Lebensmittel zubereiten, geangelte Fische ausnehmen, Seile und andere Materialien schneiden, Holzverbindungen, Zeltheringe, Grabstöcke und andere Werkzeuge schnitzen, Feuerholz spalten und zu Zunder-Holzlockenstäben (Feathersticks) auffächern.

Dafür, wie das perfekte Messer für all diese Aufgaben aussieht, gibt es keine Patentlösung. Diese Frage ist Gegenstand vieler Diskussionen. Inspiration bietet aber ein Blick nach Skandinavien. Die nördlichen Länder haben eine lange Messerkultur, die bis heute bewahrt wird. Dank des weltweiten Bushcraft-Booms und durch bekannte „Schwedenmesser"-Nutzer wie die aus dem TV bekannten Ray Mears und Cody Lundin sind „Skandi-Messer" heute populärer als je zuvor.

Zwar gibt es regionale Unterschiede, doch in vielen Punkten ähneln sich die traditionellen Messer der Schweden, Norweger und Finnen. Die Klingen sind relativ schlank. Der Rücken verläuft nahezu gerade, die Schneidenlinie wird erst zur Spitze hin bauchig. Über einen gewissen Teil der Höhe, oft bis zu zwei Drittel, behält die Klinge ihre volle Stärke, um dann ohne weitere Fase zur Schneidkante zusammenzulaufen.

Genauso typisch ist die Konstruktion mit Steckangel: Dabei wird die Angel in eine Bohrung im Griff gesteckt. Nur das Ende der Angel ist manchmal sichtbar, wenn sie nicht im Griff verklebt wird, sondern am Griffende mit einer Abschlussplatte verschraubt oder vernie-

Wissenswertes

Skandi-Schliff: Einfach scharf

Der skandinavische Schliff (oft als „Skandi" abgekürzt) zeichnet sich dadurch aus, dass die Klingenflanken in gleichbleibendem Winkel zur Schneidkante zusammenlaufen. Ein Messer mit dieser Geometrie legt man zum Nachschärfen mit den Seiten flach auf den Schleifstein auf.

Diese Methode ist sehr einfach. Besonders schnell geht es so jedoch nicht, da über die gesamte Fase und Länge hinweg Material abgetragen wird. Um sich unterwegs die Arbeit zu erleichtern, kann man die Klinge auch etwas stumpfwinkliger schärfen. Das macht die Schneidkante stabiler. Zu Hause kann man dann wieder den feineren Winkel anlegen.

Mit spitzwinkligen Schneiden, wie sie der Skandi-Schliff erzeugt, schnitzt man außerordentlich gut. Man benötigt jedoch einen Stahl, der einen so kleinen Winkel verträgt: Hier sind nicht-rostfreie, feinkörnige Werkzeugstähle oder moderat legierte „Rostfreie" im Vorteil.

Da die Klingenstärke von der Schneide ausgehend sehr schnell zunimmt, sind Skandi-Messer in der Regel auch sehr stabil. Aufgrund des hohen Keilwinkels gibt es jedoch - abhängig vom Schneidgut - bessere Messertypen, um tief in etwas hineinzuschneiden.

Das Kukri ist untrennbar mit der Landbevölkerung Nepals und den von dort stammenden Gurkha-Kämpfern verbunden. Das wuchtige Haumesser wird gern aus alten Lkw-Federn geschmiedet.

▸ KUKRI

Im Gurkha-Stil

Ein Kukri (auch Khukri oder Khukuri genannt) ist unverkennbar: Die sich zur Spitze hin verbreiternde, bauchig geformte und wuchtige Klinge und der markante Knick in der Rücken- und Schneidenlinie sind typisch für das traditionelle Schneidwerkzeug aus Nepal. Teilweise bekommen dort schon Fünfjährige ihr erstes Kukri, um den korrekten Umgang damit zu erlernen.

Traditionell wird das Kukri in Nepal für eine Vielzahl von Arbeiten genutzt: Um sich den Weg entlang zugewachsener Pfade zu bahnen, zum Hacken von Ästen, Fällen und Entasten dünner Baumstämme, zum Anspitzen von Pfählen, zum Schlachten von Tieren, für Zubereitungsarbeiten in der Küche – und auch zum Schutz gegen Angreifer, seien sie animalisch (es gibt in der nepalesischen Wildnis noch Bären, Tiger und Leoparden) oder menschlich. Durch seine Länge und das hohe Gewicht lässt sich ein Kukri – mit dem Klingenrücken oder dem Knauf voraus – auch als konventionelle Schlagwaffe einsetzen.

Die in nepalesischen, britischen und indischen Truppen dienenden Gurkha-Soldaten wurden früher vor allem aus den abgelegenen Bergvölkern Nepals rekrutiert. Das Kukri ist ihr Erkennungsmerkmal und gehört zur Standardausrüstung. In ihren Händen wird das typischerweise 30 bis 40 Zentimeter lange Haumesser zur gefürchteten Waffe – auch wenn es weit häufiger als Arbeitsgerät benutzt wird.

tet ist. Einen Abrutschschutz findet man am Griff eher selten, und in der Scheide sitzt das Messer immer sehr tief. Griff und Scheide bestehen typischerweise aus regional vorkommenden Materialien.

Alles an diesem Messerdesign erfüllt einen Zweck: Die schmale Klinge ist wendig. Der Schliff führt zu einer spitzwinkligen, hoch schneidfähigen Schneide. Der gleichbleibend starke obere Teil der Klinge sorgt für genügend Stabilität. Der gerade Rücken erlaubt es, mit der zweiten Hand kontrolliert Druck auszuüben. Der Verzicht auf einen Handschutz macht es einfacher, das Messer direkt an der Klinge zu greifen und so zu führen. Bei feinen Schnitten oder bei der Arbeit mit der Spitze kann es so besonders präzise geführt werden.

Ein Spezialfall des Outdoormessers ist das Überlebensmesser mit Hohlgriff. Es kam mit dem Blockbuster „First Blood“ (1982), in dem Sylvester Stallone den traumatisierten Vietnam-Veteranen Rambo spielt, ganz groß heraus.

Bei jeder passenden Gelegenheit ist es zu sehen: ein großes Messer mit wuchtiger Klinge und einem Hohlgriff, der Survivalzubehör wie Angelhaken, Kompass und Streichhölzer enthält und mit einem grünen Nylonfaden umwickelt ist, der als Angelleine nutzbar ist. Das Rambo-Messer war geboren.

Taktische Einsatzmesser, Militärmesser und Selbstverteidigungsmesser

Neben feststehenden taktischen Messern gibt es auch feststehende Militärmesser. Am besten

Ein Messer, das Anfang der 1980er für Aufsehen sorgte: Das Überlebensmesser von John Rambo.

Foto: Master Cutlery

Ein großes Haumesser von Terävä aus Finnland und ein frisch geschärftes „Othello" aus den 1940ern.

Das „Prepper One" des deutschen Herstellers Pohl Force ist ein vielseitig nutzbares und besonders belastbares taktisches Messer.

Foto: Pohl Force

Das Ontario „A.S.E.K." ist ein Militärmesser, das besonders häufig von Piloten geführt wird. Es soll den Ausstieg aus Luftfahrzeugen in Notfällen und das weitere Überleben sichern.

lassen sich die beiden verwandten Klassen folgendermaßen unterscheiden: Ein taktisches Messer muss Gurte und Seile schneiden können und genauso zur Zubereitung des Essens oder des Feuerholzes geeignet sein, wie zum brachialen Aufspalten eine Stahlblechfasses oder zum „Einreißen" der Tür einer abgesperrten Schutzhütte.

Bei all diesen Aktionen muss es entweder scharf bleiben oder mit normalen Mitteln wieder scharf zu bekommen sein. Und es muss Stabilitätsreserven haben, darf weder komplett entzwei brechen noch entlang der Schneide ausbrechen. Es muss sicher in der Handhabung und vor Verlust geschützt führbar sein. Und es muss groß und stark genug sein, um sich Gefahren damit vom Leib halten zu können. Ein typisches taktisches Messer etwa ist das „Prepper One" des deutschen Herstellers Pohl Force.

Als Militärmesser werden Klingenwerkzeuge bezeichnet, die zur offiziellen und gelegentlich auch inoffiziellen Ausrüstung von Soldaten gehören. Hier hat sich die geforderte Funktionalität in den letzten 100 Jahren deutlich geändert. In den Schützengräben des Ersten Weltkriegs waren vor allem reine Stoß- und Schlagwaffen gefragt, die man heute als Grabenmesser und Knöchelmesser bezeichnet. Letztere hatten einen Griff, dessen Bügel wie ein Schlagring geformt war.

Auch im Zweiten Weltkrieg wurden Stichwaffen eingesetzt: Der bekannteste Dolch dieser Epoche ist der von den Briten William Ewart Fairbairn und Eric Anthony Sykes entwickelte F-S-Dolch, der auch heute noch detailgetreu produziert wird.

Kein anderes Messermodell steht so sehr für das amerikanische Militärmesser wie das Ka-Bar USMC (United States Marine Corps). Entwickelt wurde es, als nach dem Eintritt der Vereinigten Staaten in den Zweiten Weltkrieg gehäuft Beschwerden von Armeesoldaten und Marines aufkamen. Sie waren mit den ausgehändigten Grabendolchen, wie sie bereits im Ersten Weltkrieg genutzt wurden, unzufrieden. Die Dolche hielten mit ihrem Schlagring-Griffdesign schlecht in den Scheiden, und die dünnen Klingen brachen bei den alltäglichen Arbeiten zu leicht.

Schließlich erkannte das Kriegsministerium die Notwendigkeit für ein neues, stabiles Mehrzweckmesser. Das in der Folge aufgestellte Lastenheft für das US-Kampfmesser des Zweiten Weltkriegs sah eine lange und starke Klinge vor, die zur Gewichtsverringerung mit einer Hohlkehle ausgestattet sein sollte, sowie einen vernieteten Abschlussknauf, ein Parierelement, einen rutschfesten Griff aus Lederscheiben und eine schwarze Phosphat-Beschichtung aller Metallteile. Der Prototyp wurde 1219C2 genannt und später in „USMC Mark 2 Combat Knife" (auch als „Knife, Fighting Utility" bekannt) umgetauft.

Gefertigt wurde es von mehreren Herstellern wie Camillus, Union Cutlery Company, Robeson und Pal. Die Union Cutlery Company war dabei der einzige Zulieferer, der seine Kampf- und Allzweckmesser durchweg kennzeichnete – und zwar mit dem Ka-Bar-Markenzeichen (mehr dazu im Infokasten auf der nächsten Seite). Eine Million echte Ka-Bars wurden während des Kriegs produziert. Ka-Bar wurde so zum Symbol für die Einsatzmesser der Soldaten und Marines, mit deren Hilfe diese ihre Ausrüstung reparierten, Schützengräben aushoben, Zeltheringe schnitzten und in die

Erde schlugen, Lebensmitteldosen öffneten, Kisten aufstemmten und manchmal auch ihr Leben verteidigten.

In der heutigen Zeit werden Militärmesser als vielseitig einzusetzende Schneid- und Hackwerkzeuge konstruiert, die für Rettungseinsätze, zum Unterstandbau, zum Modifizieren der Ausrüstung, für Lagerarbeiten, zur Essenszubereitung und für alles, was sonst so anfällt, gebraucht und auch missbraucht werden. Ein Militärmesser muss es aushalten, dass man es auch mal zum Aufstemmen einer Kiste oder als Dosenöffner benutzt und ungereinigt in die Scheide steckt.

Ein gutes Beispiel für ein solches Messer ist das A.S.E.K. (Aircrew Survival Egress Knife) der amerikanischen Ontario Knife Company: Das Überlebens- und Ausstiegsmesser wurde für die Besatzungsmitglieder von US-Luftfahrzeugen wie den Black-Hawk-Hubschraubern entwickelt.

Daneben bezeichnet man auch Messer als taktisch, die speziell für die Verteidigung mit dem Messer entwickelt wurden oder geeignet sind. Typische Beispiele dafür sind Stoßdolche, die man verdeckt tragen kann (und die in Deutschland streng verboten sind!) oder das eigentlich aus Asien stammende Karambit-Erntewerkzeug mit seiner klauenförmigen Klinge und dem Haltering für den kleinen Finger.

Wissenswertes

Ka-Bar: Ein Bär als Namensgeber

Ganz sicher wollen wir Ihnen keinen Bären aufbinden. Doch dass aus dem Unternehmen Union Cutlery Company schließlich Ka-Bar wurde, hat tatsächlich auch mit einem Bären zu tun. Mit dem ging es allerdings nicht gut aus.

In den 1920ern schilderte ein Fallensteller der Union Cutlery Company - mit marginalen Englischkenntnissen und schludriger Handschrift, aber umso eindringlicheren Beschreibungen -, wie er von einem verwundeten Bären attackiert wurde. Da sein Gewehr Ladehemmung hatte, griff er zu seinem feststehenden Messer. Er beschrieb genau, wie er es einsetzte, um den Bären zu töten („to kill a bear"). Dieser Satzteil sah auf dem Papier aus wie „ka bar".

Wenn das keine gute Geschichte für einen Markennamen ist! Das dachten sich die Verantwortlichen bei der Union Cutlery Company auch, und die Marke Ka-Bar war geboren.

Foto: Ka-Bar

Das „Ronin II" ist ein Entwurf von Michael Janich, Gründer des Verteidigungssystems „Martial Blade Concepts".

Foto: Spyderco

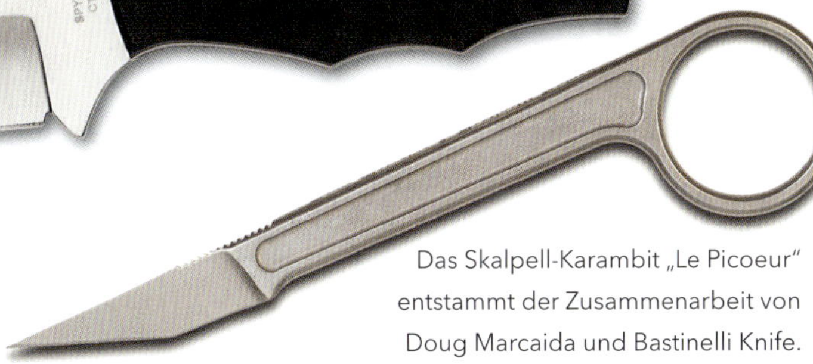

Das Skalpell-Karambit „Le Picoeur" entstammt der Zusammenarbeit von Doug Marcaida und Bastinelli Knife.

Foto: Bastinelli

Fred Perrin ist ein einflussreicher französischer Nahkampfexperte. Hier sein „La Griffe" in der Version von Emerson Knives.

Foto: Emerson Knives

Militärklassiker: das Ka-Bar USMC.

Das „Rogue Bowie" (oben) ist eine Interpretation des originalen Jim-Bowie-Messers vom US-Messerhersteller Bark River. Es soll in seiner Form besonders authentisch sein.

▸ BOWIE KNIFE

Das Messer des Wilden Westens

Der Mann, der dem berüchtigten Bowie-Messer zu seinem Namen verhalf, ist eine texanische Legende, ein US-amerikanischer Volksheld und fast schon ein Mythos: James Bowie wurde 1796 geboren und lebte ein Leben, das geprägt war von Abenteuerlust und Draufgängertum, Trunksucht, Sklavenhandel und Landspekulationen. Und vor allem auch von seiner führenden Rolle im texanischen Unabhängigkeitskrieg, in dessen Verlauf James „Jim" Bowie im Jahr 1836 starb.

Als James Bowie um die 30 Jahre alt war, wurde er bei einer privaten Fehde mit dem Sheriff Norris Wright durch einen Schuss von diesem verletzt und trug spätestens seitdem immer ein großes Messer bei sich. Es soll eine fast 24 Zentimeter lange und nahezu vier Zentimeter breite Klinge gehabt haben und könnte ein Geschenk seines Bruders Rezin Pleasant Bowie gewesen sein.

1827, fast genau ein Jahr später, standen sich Bowie und Wright erneut gegenüber. Das Duell, das auf einer Sandbank nahe Natchez, Mississippi, stattfand und bei dem sie von Adjutanten unterstützt wurden, geriet völlig außer Kontrolle. Obwohl das eigentliche Duell beendet war, fielen Schüsse. Im nachfolgenden Gerangel wurden James Bowie mehrere Schusswunden, Stiche und Schnitte zugefügt, doch er kämpfte weiter. Wright starb schließlich durch die Klinge Bowies.

Dieser Vorfall und weitere Auseinandersetzungen, in denen Bowie mit seinem Messer kämpfte, wurden von der damaligen Presse so aufgebauscht, bis schließlich jeder „echte Mann" ein Messer wie das von Bowie haben wollte. Wie Bowies Messer genau aussah, ist nicht ganz klar. In den Jahren nach seinem „Sandbar Fight" schärfte sich das Profil der Bowie-Messer jedoch. Man versteht darunter vor allem ein mächtiges und stabiles Messer, das typischerweise eine Clip-Point-Klinge (also mit geradlinig oder konkav abgesenkter Spitze) und einen beidseitigen Handschutz besitzt.

Extravagante Linienführung: Das SOG „Bowie 2.0" ist eine Reminiszenz an das originale Vietnam-Bowie der Spezialeinheit MACV-SOG.

Alternativprogramm zum Bowie: Eine Empfehlung des einflussreichen Woodcraft-Autors „Nessmuk".

Tauchermesser

Unter der Oberfläche von Seen und Meeren liegt eine zum Großteil unbekannte Welt. Doch es sind wohl eher nicht Riesenkraken, deren Tentakeln man abschneiden muss, um sich zu retten, oder Haie, die ein gezielter Stoß in die Kiemen vertreiben könnte, weshalb Taucher ein Messer benötigen.

Schnüre, Leinen und Netze werden nicht nur Fischen und Meeressäugern zum Verhängnis, sondern immer wieder auch Tauchern. Wer sich mit seinen Beinen oder der Ausrüstung in einem losgerissenen Fischernetz verfangen hat (gerade Wracks sind häufig mit Netzen überzogen), kann in große Schwierigkeiten geraten. Auch zum Herumstochern und Sondieren, zum Schaben und zum Klopfzeichen geben werden Tauchermesser regelmäßig eingesetzt. Berufstaucher brauchen ein Messer, mit dem man auch einmal hebeln kann und mit dem sich auch schwere Taue durchtrennen lassen, zum Beispiel wenn eine Trosse sich in einer Schiffsschraube verfangen hat. Ein Polizeitaucher berichtete, dass er sein Tauchermesser einmal in das Dach eines versunkenen Autowracks stieß, um der Unterwasserströmung standhalten zu können. Wichtig ist, dass man das Messer auch mit dicken Neoprenhandschuhen sicher benutzen kann und dass es eine gut sitzende Scheide besitzt.

Unter Wasser lauern Gefahren vor allem in Form von Netzen und Leinen. Doch auch zum Lösen von Muscheln oder anderen Arbeiten werden Tauchermesser häufig eingesetzt.

Auf dem Torpedo-Wurfdorn von Cold Steel liegen Wurfmesser von Elite Force, Walther, Cold Steel und United Cutlery. Letztere spielten schon im Blockbuster „The Expendables" eine pointierte Rolle.

Wurfmesser

Ost-Berlin: Ein als Clown getarnter britischer Geheimagent flüchtet bei Dunkelheit von einem Zirkusgelände. Verfolgt wird er von messerwerfenden Zwillingen, die ihr Handwerk ganz offensichtlich verstehen: Denn weit wird „009“ nicht kommen.

So der Vorspann zum Bond-Film „Octopussy“, den vielleicht einige Leser mit dem Thema Messerwerfen verbinden. Das ist allerdings weniger Geheimagentenalltag als ein spannendes und gleichermaßen entspannendes Hobby. Dieses zischende „Tschck“, wenn die Spitze des Messers ins Holz einschlägt, macht Laune.

Beim Kauf eines Wurfmessers gibt es einiges zu beachten: Das Messer muss sehr stabil sein, da es beim Aufschlagen enormen Belastungen ausgesetzt ist. Hohe Materialstärken und nicht zu dünne Spitzen sind daher Trumpf.

Der Klingenstahl und die sonstigen Materialien sollten eher zäh als besonders hart sein, um den strapaziösen Job dauerhaft zu überstehen. Niedrig legierte, nicht-rostfreie Stähle sind eine gute Wahl.

Der Griff eines Wurfmessers muss so geformt sein, dass die Hand eine gute Griffposition findet, die während des Wurfs geschmeidig gelöst werden kann. Messer, die leicht und kurz sind, fliegen übrigens deutlich flattriger als lange und schwere Messer. Es gilt die Devise: Länge läuft!

Da Wurfmesser immer wieder auch auf dem Boden landen, sollten sie zudem leicht zu reinigen ein. Viele Hersteller bieten Sets von mehreren Messern an, was sehr sinnvoll ist.

SCAGEL & RANDALL

Einflussreich bis heute

Bill Scagel

Mit William „Bill" Scagel wurde 1873 in Michigan, USA, geboren. Er war eine faszinierende Persönlichkeit und der einflussreichste Messermacher des frühen 20. Jahrhunderts. Zunächst arbeitete Bill Scagel als Kunstschmied, Brückenbauer und auch als Holzarbeiter in den Wäldern Kanadas. Um 1910 herum fing er an, selber Messer zu schmieden. In den 1920ern eröffnete er sein Geschäft „Dogwood Nub" und stellte von da an hauptberuflich Messer, Äxte, Kochgeschirr und Boote her. Die vertrieb er vor allem über Abercrombie & Fitch – damals noch ein großer Händler für Outdoor- und Jagdbedarf und keine Modemarke. Auch Expeditionsteams wurden von Bill Scagel mit Messern und Hiebwerkzeugen ausgestattet.

Scagels Stil und die hohe Qualität seiner Messer sprachen sich bald herum. Die Griffe für seine geschmiedeten Klingen bestanden typischerweise in der oberen Hälfte aus einer Geweihkrone und im griffnahen Bereich aus gestapelten Lederscheiben. Dieser Aufbau wurde zu Scagels Markenzeichen.

Bill Scagels Messer sind auch deshalb so populär, da sie ein weiteres Urgestein der US-amerikanischen Messergeschichte maßgeblich beeinflussten: Bo Randall.

Randall Made Knives

1937 beobachtete Bo Randall einen Bootsbesitzer, der mit einem markanten Messer schwere Reparaturarbeiten an seinem Boot ausführte. Dabei ging dieser völlig bedenkenlos, ja geradezu rücksichtslos mit dem schönen Messer zu Werke. Bo blieb zunächst gleichermaßen irritiert wie fasziniert stehen – um anschließend dem Bootseigner dieses stabile Messer abzukaufen. Wie sich bald herausstellte, stammte es von Bill Scagel.

Das erste Messer, das Walter Doane „Bo" Randall Jr. in seiner Hobbywerkstatt in Orlando, Florida, fertigte, entstand noch aus einer Feile, die er zum Messer umschliff. Doch schon bald richtete Randall sich eine Schmiede ein und arbeitete unentwegt daran, die besten Messer zu machen, zu denen er fähig war.

Von Anfang an legte Bo größten Wert auf klare Linien und die kompromisslose Funktionalität seiner Messer, auch wenn er das Messermachen zunächst immer noch als Hobby betrachtete. Das änderte sich erst, als Bo Randall 1941 von einem jungen Marinesoldaten beauftragt wurde, für ihn ein vielseitiges Kampfmesser zu fertigen. Dieses Messer kam so gut bei den Kameraden und Freunden des Soldaten an, dass sogar die Medien darüber berichteten.

Immer weiter verbreiteten sich die Lobeshymnen, und schon bald bekam Randall aus dem ganzen Land Briefe mit Messeraufträgen zugestellt. Der „Messer-Mann aus Florida" hatte es geschafft – und sein Model 1 „All Purpose Fighter" ging in die Geschichte ein. W. D. „Bo" Randall starb am 25. Dezember 1989. Seitdem führen sein Sohn und seine Enkel das Messerhandwerk in traditioneller Weise weiter.

William „Bill“ Scagel war einer der einflussreichsten Messermacher Amerikas. Hier ein typisches Scagel-Messer mit Geweihkronen-Griff und geschmiedeter Klinge.

Randall-Messer werden auch heute noch praktisch wie vor 80 Jahren gemacht. Hier das schöne „Copper Companion“ mit Kupfer-Elementen.

Kapitelzusammenfassung

Messer mit fest im Griff stehenden Klingen waren über Jahrtausende hinweg die wichtigsten Schneidwerkzeuge. Ihre Verbreitung ist ungebrochen: in der Küche, bei Outdoor-Arbeiten, im jagdlichen und militärischen Einsatz und wo immer man sich in besonderem Maße auf ihre Funktionalität und erhöhte Belastbarkeit verlassen können muss.

Das maßgebliche Unterscheidungskriterium bei feststehenden Messern ist die Angel- und Griffkonstruktion. Man unterscheidet Flachangelmesser, Voll- und Halbintegralmesser sowie Steckangelmesser, wie sie typisch für skandinavische Messer sind.

Entscheidend für die Nutzbarkeit von feststehenden Messern ist die Scheide. Erst sie ermöglicht es, das Messer so mit sich zu führen, dass man guten Zugriff darauf hat und dabei der Träger und die Ausrüstung vor der scharfen und spitzen Klinge geschützt sind. Gleichzeitig sichert die Scheide das Messer auch vor Beschädigung und vor allem gegen Verlust. Besonders schön gearbeitete Scheiden werten ein feststehendes Messer optisch auf. Zu den beliebtesten Materialien gehören Leder und thermoplastische Kunststoffe wie Kydex.

Feststehende Messer lassen sich in sieben wesentliche Klassen unterteilen: Jagdmesser müssen für die vielfältigen Aufgaben im Revier, besonders das Aufbrechen des Wilds geeignet sein. Outdoormesser gehören zu den wichtigsten Ausrüstungsgegenständen, die man in der Natur braucht und werden vor allem zur Holzbearbeitung eingesetzt. Taktische Einsatzmesser und Militärmesser haben ein ähnliches Anforderungsprofil: Sie sichern das Überleben der Nutzer und werden zumeist als vielseitige Werkzeuge verwendet.

Selbstverteidigungsmesser sind auf einen Zweck reduziert: Sie dienen allein der Abwehr von Angriffen. Dazu müssen sie scharf und spitz, schnell greifbar und sicher zu handhaben sein. Unter Wasser lauern Gefahren für Taucher vor allem in Form von Netzen und Leinen, in denen man sich verheddern kann. Mit einem Tauchermesser kann man sich befreien. Und Wurfmesser machen vor allem Spaß.

Für draußen gemacht: Verlässliche Messer (hier von Randall aus den USA und Svörd aus Neuseeland) gehören in der Natur zu den wichtigsten Ausrüstungsgegenständen.

Vom großen Haumesser „Terävä Skrama" (2. von links) bis zum kompakten „Taschenfixed" aus der Schmiede Haselmayr (ganz rechts) gibt es viele Zwischenstufen.

VICTORINOX

Aus den Küchen dieser Welt

Weltweit stehen in diesem Moment Männer und Frauen vor ihren Schneidbrettern, das Kochmesser in der Hand. Es ist für die Essenszubereitung von essenzieller Bedeutung, ob es sich nun um ein chinesisches Hackmesser, ein kleines Solinger „Kneipchen" oder um ein großes Chefkochmesser handelt.

Wie alle guten Werkzeuge müssen Kochmesser perfekt auf ihren Einsatzzweck ausgerichtet sein: das effiziente und präzise Schneiden von Lebensmitteln. Ihre Funktion bedingt die Form, die in den Grundzügen gleich ist: Jedes Messer hat eine Klinge und einen Griff.

Die Details jedoch werden von der Zubereitungsmethode und vom Lebensmittel selbst bestimmt. Handelt es sich um Fisch, Fleisch, Gemüse oder Obst? Muss man um Knochen herum schneiden oder diese gar zerteilen? Müssen erst harte Schalen überwunden werden, um ans feine Fruchtfleisch zu gelangen oder soll faseriges Fleisch durch feinste Schnitte zerteilt werden, um möglichst glatte Schnittflächen zu erhalten? Wird freihändig geschnitten oder auf dem Brett?

All diese Faktoren haben ihren Anteil daran, wie ein Kochmesser auszusehen hat. Dazu kommt noch der kulturelle Einfluss auf die Formgebung, die Handhabung und Wertschätzung von Kochmessern.

Erfahren Sie hier alles Wichtige zu den wesentlichen Kochmessern aus Europa, Japan und China: Chefkochmesser, Santoku & Co.

Die Geschichte der europäischen Kochmesser

Schon die Römer benutzten Essdolche und Gabeln. Doch dieser hohe Entwicklungsstand geriet über Jahrhunderte in Vergessenheit. In Europa tauchen die ersten spezialisierten Koch- und Zubereitungsmesser erst wieder zu Beginn des Spätmittelalters auf. Der Grund dafür war die rasante Entwicklung der Koch- und Esskultur an den fürstlichen und königlichen Höfen Italiens und Frankreichs. Hier gab es exzellent ausgestattete Küchen mit Köchen, denen eine Vielzahl an Kochutensilien zur Verfügung stand: Grillvorrichtungen, Herde, Töpfe und besondere Messer.

Bevor die Lebensmittel in die Küche gingen, wurden in den „salles d'office" die Vorbereitungsarbeiten wie das Putzen und Schälen des Gemüses erledigt: Mit kurzen, feststehenden Messern, die auch heute noch wichtig sind und im Französischen „Couteaux d'Office" (Officemesser) genannt werden.

Zu Tisch verrichteten die sogenannten „Aufschneider" (auch Vorschneider) ihre Arbeit. Sie waren neben dem fachgerechten Zerlegen großer Fleischstücke auch fürs Entertainment der Gäste zuständig. Deshalb wird der Begriff auch heute noch für einen großspurigen, lauten Menschen verwendet.

Die besten Fleischstücke wurden nach der Rangordnung verteilt. Wehe, dem „Auf-

Bezeichnungen am europäischen Kochmesser

1) Klingenspitze
2) Klingenflanke/-blatt mit Grundschliff
3) Schneide/Schneidfase
4) Bart
5) Klingenrücken
6) Klingenbeschriftung
7) Kropf (oft integral und geschmiedet)
8) Handschutz vorne
9) Nietverbindung
10) Griff
11) Knauf hinten

In Solingen produzieren auch heute noch einige der bekanntesten Kochmesserhersteller der Welt. Bei Herder (im Bild: beim Pließten) und anderen Unternehmen setzt man wieder verstärkt auf den Nachwuchs.

schneider“ geschah dabei – oder beim Unterhalten der Gäste – ein Fauxpas!

Mit der französischen Revolution Ende des 18. Jahrhunderts verloren die am Hofe beschäftigten Köche ihre Arbeit. Wer nicht zurück aufs Land zu seiner Familie ging, eröffnete Gasthöfe und Restaurants in den Städten. Die am Hofe praktizierte „nouvelle cuisine“ („neue Küche“, die Abkehr von den bürgerlichen, einfachen Kochgewohnheiten) ergriff dadurch das ganze Land.

Und so änderten sich die Koch- und Essgewohnheiten und der Bedarf an speziell geeigneten Gerätschaften: Der Siegeszug der Kochmesser begann, und die damals vorherrschenden Zentren der Messerherstellung stellten sich auf den neuen Bedarf ein.

Die Zentren der europäischen Kochmesser-Herstellung

Der Einfluss Frankreichs auf die Entwicklung der europäischen Kochmesser-Kultur ist enorm. Dennoch hat es Deutschland, vor allem mit Messer, die in Solingen gefertigt wurden, geschafft eine Vorreiterrolle einzunehmen: Zwilling J. A. Henckels ist die ehemals größte Schneidwarenfabrik der Welt. Das markante Zwilling-Zeichen wurde bereits 1731 in die Zeichenrolle der Solinger Messermacher eingetragen. Um 1900 herum umfasste das Zwilling-Programm rund 10.000 verschiedene Artikel, vor allem Taschenmesser.

Die Geschichte der Firma Ed. Wüsthof reicht bis zu Beginn des 19. Jahrhunderts zurück. Ihr Dreizack ist eines der bekanntesten Markenzeichen auf Klingen. Auch bei Wüsthof wurden früher Hunderte verschiedene Taschenmessermodelle gefertigt. Heute hat sich das Unternehmen ganz auf die Fertigung von Koch- und Haushaltsmesser spezialisiert. Einer der wichtigsten Märkte sind die USA.

Das 1910 gegründete Solinger Schneidwarenunternehmen Güde hat Kochmesser-Geschichte geschrieben, als Franz Güde, der Sohn des Firmengründers Karl Güde, den Wellenschliff zum Patent anmeldete. Die Fertigung bei Güde, die mit großem Handarbeitsanteil stattfindet, erinnert heute noch teilweise an die Zeiten der Firmengründung.

Stellvertretend für weitere deutsche Hersteller, die mit hohem Handarbeitsanteil, Leidenschaft, Engagement und Fachwissen in Solingen Kochmesser herstellen, sei das 1872 gegründete Unternehmen Robert Herder GmbH & Co. KG genannt.

Wem Herder nichts sagt, bei dem „klingelt's“ vielleicht beim Namen Windmühlenmesser und dem entsprechenden Logo. Hier wird die Tradition des Solinger Dünnschliffs hoch gehalten, bei dem die Klingen besonders fein ausgeschliffen und poliert werden (das traditionelle Fein- und Blaupließten wird hier noch praktiziert). Auch im Bereich asiatischer Messer hat sich das Unternehmen eine hohe Expertise erworben.

Zu den bekanntesten Kochmesserherstellern in Frankreich gehören das Atelier Perceval und vor allem der Traditionshersteller Sabatier: Philippe Sabatier fertigte in der französischen Schmiedehauptstadt Thiers bereits die Kochmesser für die Köche an den Höfen. Seine Nachfahren führen das Unternehmen in ununterbrochener Reihenfolge in der mittlerweile achten Generation weiter.

In der Nähe von Florenz in Italien befindet sich der Ort Scarperia. Auch hier lässt sich die

Das große Chefkochmesser ist der Star in jeder Küche. Victorinox bietet eine schneidfreudige, im Gesenk geschmiedete Version mit schönem Palisanderholzgriff an. Das „Yvo 1" ist das Chefmesser der Hohenmoorer Messermanufaktur.

Tradition des Messerhandwerks bis ins Mittelalter zurückverfolgen. Von den stark handwerklich ausgerichteten Unternehmen Coltellerie Berti (seit 1895), Coltellerie Consigli und Coltelleria Saladini werden nicht nur die historischen Taschenmessertypen Italiens gefertigt, sondern auch eine Auswahl an schönen Kochmessern.

Merkmale westlicher Kochmesser

Deutschland ist vor allem für Integralmesser weltweit bekannt, bei denen die Klinge, der Kropf (die Verdickung am Übergang zwischen Klinge und Griff), die Angel und der Abschlussknauf aus ein und dem selben Stück Stahl bestehen. Typisch europäisch ist auch die Vorliebe für rostfreien Stahl. Der wird üblicherweise nicht so extrem hoch gehärtet, wie man es in Japan macht. Auch die Klingen werden von den Herstellern häufig nicht ganz so dünn und fein ausgeschliffen wie in Japan.

Das führt dazu, dass europäische Messer nicht ganz so schneidfreudig sind wie ihre japanischen „Kollegen". Dafür sind sie stabiler. Angeschliffen sind europäische Messer in aller Regel beidseitig: Die Klingenflanken laufen also von links und rechts im gleichen Winkel zur Schneide zusammen.

Die wichtigsten Messer der westlichen Küche

Das Chefkochmesser

Ganz oben in unseren Profiküchen steht der Küchenchef, der „Chef de Cuisine". Das scharfe Pendant dazu ist das Chefkochmesser: Das lange „Couteau de Chef" verwandelt sich in der Hand eines Profis zum Alleskönner, schneidet Fleisch und Gemüse, wiegt Kräutern, filetiert Fisch und knackt und zerlegt Schalentiere wie zum Beisiel große Hummer. Typisch sind Klingenlängen zwischen 18 und 30 Zentimetern, wobei Profis meist zu einer Größe von 24 Zentimetern tendieren. Diese haben in ihren Küchen aber meist auch den nötigen Bewegungsspielraum und ausreichend große Schneidbretter.

Typisch für das Chefkochmesser ist eine relativ hohe Klinge. Der Abstand zwischen der Schneide und dem Klingenrücken beträgt häufig um die fünf Zentimeter. Diese hohen Klingenflanken lassen sich gut greifen und gewähren beim Schneiden im typischen Klauengriff eine exzellente Führung entlang der Fingerknöchel. Sie lassen sich, wie auch der Rücken mit seinen Kanten, gezielt für spezielle Arbeiten einsetzen: etwa zum Schälen von Knoblauchzehen oder zum Knacken der Panzer von Schalentieren.

Wichtig ist die Klingenhöhe auch bei der Arbeit auf dem Schneidbrett: Denn sie schafft so viel Freiraum unterhalb des Griffs, dass man mit den Knöcheln der messerführenden Hand selbst dann nicht aufs Schneidbrett kommt, wenn man den hintersten Bereich der Klinge benutzt. Auch zum Anheben und umsetzen der geschnittenen Lebensmittel ist die breite Klinge bestens geeignet.

Die Schneide verläuft in einer leichten Bogenform bis zur Spitze. Dadurch lässt sich die Klinge mit ziehenden Schnitten in ihrer vollen Länge bei der Arbeit auf dem Schneidbrett nutzen. Sie ist durch die Kurve auch gut für wiegende Schnitte und zum Hacken geeignet.

Office- und Spickmesser

Nach dem Chefkoch kommt der Sous-Chef. Oder anders ausgedrückt: Wenn das große Chefkochmesser der König der Küche ist, dann sind Office- und Spickmesser seine Ritter.

Die beiden spitzen Messertypen werden für all die kleinen Schneidjobs verwendet, die anfallen: Gemüse, Pilze und Obst schälen, einritzen, schneiden und garnieren, Stiele, Kerngehäuse und schlechte Stellen entfernen, bei der Gänseleber Häutchen und Adern entfernen und vieles mehr. In Haushalten ohne Chefmesser übernehmen sie auch dessen Aufgabengebiet.

Der Unterschied zwischen Office- und Spickmessern liegt vor allem in der Klingenlänge: Das Officemesser hat typischerweise eine Klingenlänge zwischen sieben und neun Zentimetern, Spickmesser-Klingen sind meist zwischen neun und 15 Zentimeter lang.

Das Office-Messer hat seinen Ursprung in den „salles d'office"-Vorräumen der höfischen Küchen des französischen Adels. Hier erfolgten all die kleinen, notwendigen Vorarbeiten. Mit Spickmessern wurde früher mageres Bratfleisch „gespickt", also eingeschnitten und mit eingelegtem Speck bestückt. Dazu werden zwar inzwischen meist spezielle Nadeln verwendet, doch der Name ist geblieben.

Varianten des Officemessers sind in Deutschland auch als Gemüsemesser oder „Kneipchen" (auch „Knipchen"), „Hümmeken" oder „Zöppken", „Pittermesser" oder „Schneidteufelchen" bekannt. Regional unterschiedlich haben diese Messer eine „watenspitze" Klinge (hier senkt sich die Spitze ganz zur geraden Schneide hinab) oder mittel- beziehungsweise rückenspitze Klingen. Sie sind meist sehr handlich und wendig.

Filetiermesser

Beim Filetieren geht es immer darum, an die Leckerbissen, die Filets, zu kommen. Meistens versteht man unter Filetieren das Herauslösen der fleischigen Seitenteile von Fischen, indem man diese von den Gräten und der Haut trennt. Dazu muss das Messer sehr scharf sein – und lang genug. Europäische Filetiermesser sind zudem stets in gewissem Maße flexibel, was relativ dünne, zäh gehärtete Klingen bedingt.

Das faserige, empfindliche Fleisch von Fischen stellt eine große Herausforderung dar und verzeiht keine stumpfe Schneide. Nur mit glatten Schnittflächen und am Stück sehen Filets aus, wie sie sollen: appetitlich. Daher sollten Filetiermesser stets pedantisch auf höchster Schärfe gehalten werden. Je größer der Fisch, desto länger sollte auch die Klinge sein. Wenn die Klinge scharf und zugleich lang ist, kommt man mit wenigen ziehenden Schnitten effektiv voran und muss nicht so oft hin und her „säbeln". Gelegentlich sind Filetiermesser auch beschichtet, um so den Reibungswiderstand beim Schneiden zu verringern.

Klingenlängen um die 20 Zentimeter haben sich bewährt, manche Köche schwören auch auf noch längere Formate. Die meist recht schlanken und flexiblen Klingen passen sich gut an und sind wendig. Teilweise werden die flexiblen Klingen auch schon leicht vorgebogen angesetzt.

Übrigens werden nicht nur Fische filetiert – auch das exakte Herausarbeiten des feinen Fruchtfleischs bei Zitrusfrüchten wird Filetie-

Filetiermesser von WMF aus Deutschland mit geschmiedetem Kropf und rostbeständiger 1.4116-Klinge.

Foto: WMF

Der Gummigriff und die Beschichtung machen dieses Filetiermesser von Marttiini aus Finnland auch für Angler interessant.

Foto: Marttiini

Giesser aus Deutschland stellt eine Vielzahl an Messern für den Einsatz in professionellen Küchen und in Privathaushalten her. Hier ein Modell der Basic-Serie mit Walnussgriff.

Foto: Giesser

Für keinen Job zu schade – Officemesser und Spickmesser sind die „Ausputzer" in jeder Küche und werden vielseitig eingesetzt.

ren genannt. Das geht mit einem scharfen und langen Filetiermesser ebenfalls sehr gut.

Ausbeinmesser - der Kurven-Schneider

Beim Ausbeinmesser ist der Name Programm. Die Beine sind die Knochen der Tiere, und die will man vom Fleisch lösen. Zu diesem Zweck haben Ausbeinmesser meist recht schlanke, flexible und nicht allzu lange Klingen, bei denen die Schneide bogenförmig zur Spitze läuft. Mit diesen wendigen Klingen kann man den Windungen des Knochenbaus gut folgen und auch in beengten Verhältnissen präzise arbeiten.

Typisch für Ausbeinmesser ist ein deutlich ausgeprägter Handschutz. Er verhindert, dass man bei der Schneidarbeit in die scharfe Klinge abrutscht, wenn man mit der Spitze abrupt auf einen Knochen trifft und hängenbleibt.

Das Ausbeinmesser ist ein typisches Metzger-Werkzeug. Doch auch in feinen Küchen, wo teilweise große Fische oder ganze Lämmer verarbeitet werden, ist das Ausbeinmesser ein unentbehrlicher Helfer. Auch in der heimischen Küche ist das Ausbeinmesser sehr gut geeignet zum Herauslösen von Knochen und zum Entfernen von Fett, Sehnen und der Haut bei Kleintieren und Geflügel.

Brotmesser

Das Brotmesser macht sich nicht nur am Frühstücks- oder Abendessentisch gut. Es hat längst auch in die professionellen Küchen Einzug gehalten, wo es auch zum Schneiden von hartschaligen Obst- und Gemüsesorten wie Ananas, Melone, Quitte, Granatapfel, Artischocke und Kürbis verwendet wird.

Die Klingen von Brotmessern können sehr lang sein. Sie sollten sogar so lang wie möglich sein – auf jeden Fall länger als das breiteste Brot, das man schneiden will. Und so bieten die Hersteller sogar Messer mit über 30 Zentimeter langer Klinge an.

Die Klinge eines Brotmessers verläuft an der Schneide nicht glatt, sondern wellenförmig: Die geschärften Außenwellen greifen besser und verhindern ein Abrutschen, sind relativ unempfindlich, dringen auch in die härteste Brotkruste gut ein und bereiten so den Schnitt vor. Der wird maßgeblich von den feiner geschliffenen Innenradien übernommen, die die einzelnen Außenwellen voneinander trennen. Aufgrund dieses Schneidenprofils spricht man auch von Brotsägen. Eine präzise gefertigte Brotsäge ist mehr als nur ein schönes Extra.

Bei Ausbeinmessern ist ein rutschfester Griff besonders wichtig. Mit der Klinge wird das Fleisch vom Knochen gelöst.

Foto: Victorinox

Eine Konditorsäge von Victorinox und ein langgedientes Brotmesser von Herder. Sie schneiden mit ihren Wellenschliff-klingen nicht nur Brot, sondern auch hartschaliges Obst und Gemüse.

Die fischreichen Gewässer Japans und die Nahrungsmittelvielfalt ließen spezielle Kochmesser entstehen.

Eine der Spezialitäten des japanischen Kochmessergiganten Kai, zu dem auch die Messermarken Kershaw und Zero Tolerance gehören, sind Suminagashi-Klingen.

Die Geschichte der japanischen Kochmesser

Die ältesten Kochmesser, die in Japan gefunden wurden, datieren zurück auf das 8. Jahrhundert. Die über weite Teile dieses Jahrhunderts reichende Nara-Periode war eine Zeit der Umbrüche. Und besonders die chinesische Kultur war in vielerlei Hinsicht prägend: für die Entwicklung der Schrift, die Verbreitung des Buddhismus und die Modernisierung des politischen Systems.

Nicht nur die Schwerter der japanischen Krieger kamen ursprünglich aus China oder waren nach chinesischem Vorbild gefertigt, auch die ersten Kochmesser zeigen chinesischen Einfluss. Aus diesen „abgekupferten" Anfängen hat sich allerdings etwas Besonderes entwickelt: Die japanischen Klingenwaffen der Samurai sind längst legendär – und die Kochmesser Japans sind so vielseitig wie ästhetisch und kompromisslos.

Zu den wichtigsten Messerlandschaften Japans gehören Sakai, Takefu, Kyuto und Seki. Sakai liegt in der Nähe von Osaka, einem wichtigen Handelszentrum. In Sakai wurden schon ab dem 14. Jahrhundert Schwerter hergestellt, die Fertigung von Stahlmessern begann im 16. Jahrhundert.

Die Portugiesen hatten den Japanern den Tabak gebracht. In Sakai schmiedete man zunächst vor allem Messer für die Tabakverarbeitung. Schon bald folgten jedoch traditionelle japanische Kochmesser. Noch heute ist Sakai der wichtigste Standort für die Produktion der klassischen Kochmesser Japans, die sogenannten Wabocho. Das ist auch auf die Nähe zu Osaka und Kyuto zurückzuführen. Beides sind traditionelle Zentren der japanischen Esskultur.

Takefu gilt wie Sakai als überwiegend handwerklich orientierter Standort und hat ebenfalls eine lange Tradition der Messerfertigung. Kyuto, die alte Kaiserstadt Japans, spielt heute keine große Rolle mehr, war historisch jedoch ein wichtiger Schmiedestandort für Kohlenstoffstahlmesser.

Seki ist weltweit der bekannteste Name, wenn es um Klingen aus Japan geht. Im Land selbst gilt Seki als hochtechnisierter Industriemesser-Standort, an dem Haushaltsmesser, aber auch hochwertige Messer für den Export gefertigt werden.

Zu den bekanntesten Messerherstellern in Japan gehört das Unternehmen Kai, das 1908 in Seki gegründet wurde. Zunächst stellte das Unternehmen Taschenmesser und Rasierklingen her, erst 1971 folgten die Kochmesser, für die Kai auch in Deutschland sehr bekannt ist. Zahlreiche Messer aus dem Kai-Programm besitzen einen sogenannten Suminagashi-Aufbau. Dabei wird eine mittig liegende Schneidlage aus einem hoch gehärteten und verschleißfesten Stahl von seitlichen Deckschichten flankiert, die wiederum aus unterschiedlichen Stahlsorten mehrlagig aufgebaut sind. Das sorgt für eine attraktive Damaststahl-Optik in Kombination mit einer hohen Schneidleistung. Suminagashi bedeutet so viel wie „verlaufene Tusche".

Auch industriell arbeitende Messerhersteller wie Global, Tojiro, Mizuno oder Kanetsune sind in Europa populär und gut erhältlich. Gelegentlich sichern sich leidenschaftliche Händler auch Kleinserien japanischer Messermacher.

Typische Merkmale japanischer Kochmesser

Zusätzlich zur industriellen Fertigung, die in den Grundzügen genauso abläuft wie in Europa, gibt es in Japan noch eine deutlich stärkere Verbreitung von kleineren Manufakturen. Hier werden die traditionellen japanischen Kochmesser geschmiedet, die Wabocho. „Wa" steht in Verbindung mit einer traditionell japanischen Stilrichtung. „Bocho" oder auch „Hocho" bedeutet Messer.

Griffbacken, einen Knauf oder bis zum Griffende reichende Angeln wie bei westlichen Küchenmessern gibt es bei traditionellen japanischen Messern nicht. Stattdessen wird der Griff, der häufig zweiteilig aus einer Hornzwinge und Magnolienholz aufgebaut ist, ganz einfach auf die Angel des Messers gesteckt und mit dieser verklebt. Durch diesen Aufbau sind japanische Messer meist deutlich leichter und kopflastiger als westliche Messer.

Wabocho, bei denen die Klinge aus einem einzelnen Stück Stahl besteht, der im Schneidenbereich deutlich höher gehärtet wird als im Rest, werden „Honyaki" genannt. Ist die Klinge aus weichem Eisen („Jigane") und hartem Stahl („Hagane") zwei- oder dreilagig zusammengesetzt, spricht man von einem „Kasumi"-Messer.

Typisch japanisch ist die Vorliebe für nichtrostfreie Stähle, die äußerst hoch gehärtet und besonders fein und dünn ausgeschliffen werden. Mit diesen hochgezüchteten Schneidwerkzeugen sind besonders feine Schnitte möglich. Die Klingen behalten ihre Schärfe auch sehr lange. Allerdings sind sie deutlich empfindlicher als westliche Messer und vertragen keinerlei Misshandlungen. Schon ein unbedachtes Aufschlagen der Schneide auf einem Knochen oder dem Schneidbrett kann zur Beschädigung führen. Um einen Rostbefall der Klingen zu verhindern, müssen die Klingen nach jedem Schneidvorgang gesäubert werden. Dazu haben japanische Köche direkt neben dem Schneidbrett oft ein feuchtes Tuch liegen, durch das die Klinge alle paar Sekunden gezogen wird.

Wabocho-Klingen sind meistens einseitig geschliffen. Dann nennt man sie „Kataba". Beidseitig angeschliffene Messer heißen „Ryoba" und werden den „Yobocho" zugeordnet: Das sind moderne japanische Messer, die von der westlichen Kultur beeinflusst sind (Yo: modern/westlich) und häufig industriell hergestellt werden.

Die wichtigsten japanischen Kochmesser

Yanagiba

Das Yanagiba gehört zu den traditionellen japanischen Messern (Wabocho) und wird meistens aus nicht-rostfreien Stahlsorten gefertigt. Es ist ein langes und schlankes Messer, das vor allem für Sashimi verwendet wird: eine besonders anspruchsvolle Zubereitungsmethode von rohem Meeresfisch. Entscheidend für den Geschmack und den ästhetischen Genuss ist die Exaktheit und Feinheit der Schnitte.

Japanische Profiköche nutzen teilweise Klingen mit über 36 Zentimetern Länge. Im Zusammenspiel mit einer feinen Klingengeometrie und dem sehr scharfen Schliff kann das empfindliche Fischfleisch mit möglichst

Bezeichnungen des japanischen Kochmessers

1) Kissaki (Spitze)
2) Hasaki (Schneidkante)
3) Kiriha (Schliff)
4) Shinogisuji (Anschliffkante)
5) Ago (scharfkantiges Ende der Schneide)
6) Tsukamoto (freiliegende Angel)
7) Kakumaki (Zwinge, oft aus Horn)
8) Tsuka (Griff)
9) Tsukajiri (Griffende)

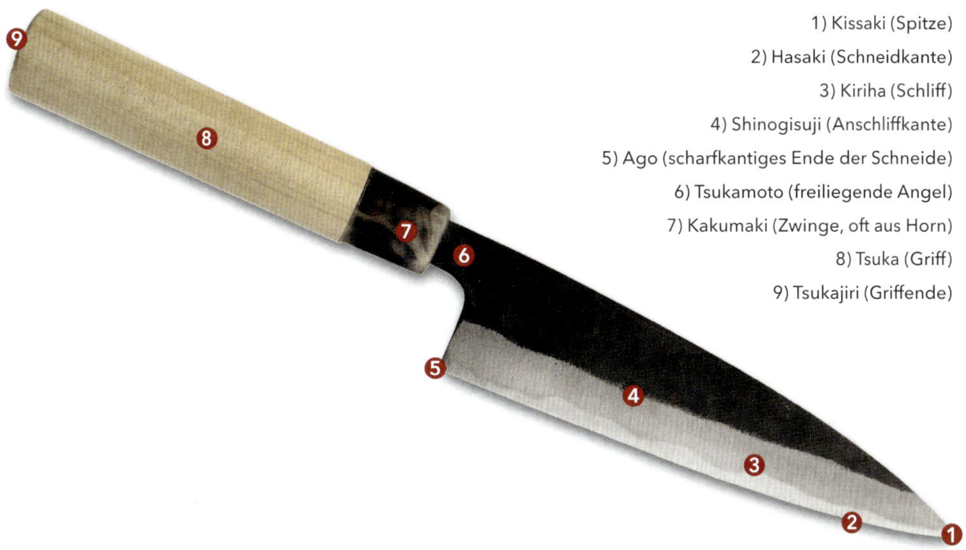

Foto: Gourmet Connection

Das Yanagiba (hier eine kurze Version des Schmieds Shosui Takeda) ist ein einseitig geschliffenes Messer, das in Japan vor allem zum Filetieren von Fisch verwendet wird.

wenigen Schnitten filetiert werden. Die einseitig geschliffene Klinge wird unter Ausnutzung ihrer gesamten Länge in einer ziehenden Bewegung durchs Fleisch geführt. Je nach Fischsorte gibt es Varianten des Yanagiba: Für Kugelfisch („Fugu") wird bevorzugt das dünnere „Fuguhiki" verwendet.

Usuba

Das Usuba ist ein Wabocho und ein Spezialist für das exakte Schneiden und Dekorieren von Gemüse. Die japanische Küche ist bekannt für hauchdünne Rettichscheiben, aus denen anschließend feine Stifte gehackt werden, die im kalten Wasserbad hart wie Nadeln werden. Auch dafür wird es benutzt.

Der Name Usuba steht für „dünne Schneide" und ist Programm. Denn die nicht-rostfreie Klinge eines Usuba ist im Vergleich mit anderen japanischen Messertypen sehr dünn und hoch. Die Klinge ist einseitig in einem sehr feinen Winkel angeschliffen, für Rechtshänder stets von rechts (Blick von oben auf das Messer in der Hand). Die Schneide selbst verläuft gerade, so dass sie auf dem Schneidbrett in voller Länge aufliegt.

Das alles ermöglicht feinste Schnitte, bei denen das Fruchtfleisch des Gemüses nicht auseinandergekeilt wird und die Pflanzenfasern nicht zerquetscht, sondern glatt und sauber durchtrennt werden.

Den griffnahen Klingenbereich des Usuba verwendet man zum Einschneiden der Lebensmittel, der mittlere Klingenbereich ist sehr gut fürs Schälen geeignet. Der vordere Klingenbereich und die scharfe Kante des Usuba lassen sich gut für präzise Dekorationsschnitte einsetzen.

Nakiri

Das Nakiri ist ein traditionelles Messer zum Schälen, Schneiden und Hacken von Gemüse. Die Klinge ist schlank, die Schneide ist gerade oder minimal gebogen. Im Gegensatz zu den meisten anderen Wabocho hat es einen beidseitigen Anschliff und wird nicht ziehend, sondern in erster Linie vertikal drückend (hackend) verwendet.

Regional unterschiedlich ist das Nakiri entweder nahezu rechteckig mit einer kantigen Spitze geformt oder mit einer abgerundeten Spitze. Die breite Klinge eignet sich gut zum Aufnehmen des geschnittenen Gemüses. Trotz der Ähnlichkeit mit echten Hackmessern ist das Nakiri aufgrund seiner feinen Klingengeometrie nur zum Schneiden weicher Lebensmittel geeignet, niemals zum Schneiden und Durchtrennen von Knochen.

Deba

Mit seinem breiten Rücken und dem hohen Gewicht ist das traditionelle japanische Deba wie geschaffen zum Durchhacken von Knochen, zum Abschneiden und Zerlegen von Fischköpfen und zum Entfernen von Schwanzflossen. Wobei man unter „Hacken" keine schlagende Bewegung versteht, sondern eine kraftvoll drückende. Man schlägt höchstens mit dem Handballen auf den Rücken der aufgesetzten Klinge. Auch für feinere Aufgaben wie das Herauslösen der Kiemen und das Filetieren wird das Deba eingesetzt.

Die Klinge eines Deba wird üblicherweise in „Awase"-Technik geschmiedet: Hoch gehärteter Stahl bildet die Schneidlage und wird zu einer Seite und nach oben hin von einer weicheren Stahl- oder Eisenschicht gestützt.

Der Name Usuba bedeutet so viel wie „dünne Schneide". Diese Prämisse setzen das Kama-Usuba (mit Griff aus Graumagnolie) und das Kai „Shun Pro Sho" Usuba (unten) gekonnt um.

Das Nakiri ist ein Spezialist fürs Schneiden von Gemüse. Obwohl es zu den Wabocho gehört, hat es einen beidseitigen Anschliff. Dieses Modell wird von Hohenmoorer in Deutschland geschmiedet.

Wissenswertes

Das chinesische Kochmesser: Eines für alles

Die chinesische Küche bietet viel Unbekanntes und ein immer wiederkehrendes Messer: das traditionelle, eigenwillig geformte chinesische Kochmesser, das international auch als „Cai Dao" (Gemüse-Messer) oder „Chinese Cleaver" (chinesisches Hackmesser) bekannt ist.

Wie in Japan ist die Esskultur in China seit Tausenden Jahren hoch entwickelt. So wie in Japan spielt das Schneiden der Zutaten eine besonders wichtige Rolle beim Kochen. Was bei uns nur als „Kochen" bezeichnet wird, lautet im Chinesischen „Ge Peng", also schneiden und kochen. Beides ist untrennbar miteinander verbunden. Und dennoch: Die chinesische Küche wird trotz der vielen unterschiedlichen Regionalküchen und der langen Kulturgeschichte nur von einem einzigen Messertyp dominiert.

Mit der breiten, bis zu zwölf Zentimeter hohen Klinge des chinesischen Kochmessers werden Riesenkrabben zerlegt oder Gemüse in hauchdünne Scheiben geschnitten. Die breiten Flanken klopfen Fleisch weich, verhelfen Knoblauchzehen mit einem leichten „Klaps" zum Verlust ihrer Schale, sorgen für eine gute Führung entlang der Knöchel und schaufeln das Essen in die Pfanne. Früher, als es oft nur ein Messer im Haushalt gab, war es auch fürs Zerkleinern der Knochen, die zu einem chinesischen Fleischessen dazu gehören, und sogar des Feuerholzes verantwortlich.

Es gibt praktisch nichts, was das eigentümlich geformte Messer in der Hand eines versierten Kochs nicht kann. Köche, die sich an den Umgang gewöhnt haben, wollen es oft nicht mehr missen. Kein Wunder - mit welchem Messer kann man so viele Arbeiten erledigen?

Das chinesische Kochmesser sieht auf den ersten Blick aus wie ein Fleischerbeil. Moderne Versionen sind aber deutlich filigraner.

Die Klinge ist einseitig geschliffen und normalerweise zwischen zwölf und 24 Zentimeter lang. Der griffnahe Klingenbereich des Deba wird zum Durchtrennen von Knochen verwendet, der vordere Bereich zum Schneiden und Filetieren.

Gyuto

Das Gyuto gehört zu den „Yobocho", den modernen Messern Japans, die von der westlichen Kultur beeinflusst sind. Es ist die Japanvariante des französischen Chefkochmessers. Der Name bedeutet in etwa „Rindermesser". Wie das Chefkochmesser wird es als Universalmesser verwendet. Das ist nicht die einzige Parallele: Auch bei der Klingenlänge (18 bis 27 Zentimeter) und im Schliff (beidseitig) ähneln sich Gyuto und Chefkochmesser. Ein Umgewöhnen ist daher nicht notwendig. Gyuto-Messer gibt es mit westlichem Griffdesign, also mit durchgehender Flachangel, und in der japanischen Ausführung mit Steckangel. Meistens ist das Gyuto stärker auf gute Schneideigenschaften getrimmt als die Chefkochmesser aus Europa: mit feineren Klingengeometrien und höher gehärteten Stählen. Das verlangt etwas mehr Umsicht im Gebrauch.

Santoku

Das Santoku ist eines der populärsten japanischen Messer – vor allem in Europa, aber auch in vielen Privathaushalten in Japan. Wie das Gyuto ist es ein westlich inspiriertes Kochmesser, das beidseitig geschliffen ist.

Der Name spielt auf die „drei Tugenden" an. Darunter verstehen manche seine Eignung, für das Schneiden von Fleisch, Fisch und Gemüse. Andere Interpretationen beziehen sich auf seine Fähigkeit, ziehend, drückend oder hackend eingesetzt werden zu können. Auch die drei Klingenbereiche Spitze (für feine Einschnitte), die Hauptlänge der Schneide

Das Deba von Hideo Kitaoka (oben) setzt auf einen 2-Lagen-Stahl, beim Deba von Kai wurde VG-10-Stahl geätzt.

Das Gyuto, hier ein Tamahagane Tsubame in San-Mai-Ausführung, ist die japanische Interpretation des europäischen Chefkochmessers.

Wissenswertes

Empfehlung: Drei Messer, die man braucht

Mit nur drei Messertypen ist man als ambitionierter Amateur schon sehr gut aufgestellt: Chefkochmesser, Spick- oder Officemesser und Brotsäge sind die „großen Drei" der Küche. Natürlich sind auch die japanischen Pendants geeignet.

Das große Chefmesser ist für Küchenprofis das vielseitigste und wichtigste Messer. Der größte Teil aller Schneidaufgaben kann damit sehr gut verrichtet werden. Es gibt allerdings Unterschiede im Kropfdesign, die einem bekannt sein sollten. Insbesondere bei den im Gesenk geschmiedeten Messern aus Deutschland ist der Bart, also die Endkante der Schneide zum Griff hin, dick belassen und nicht geschärft. Sollte man beim Arbeiten mit der Hand nach vorn abrutschen, schneidet man sich nicht so leicht. Allerdings erschwert diese Schneidenform das Nachschärfen, denn der Bart sollte unbedingt mitgeschliffen werden, um die Linie der Schneide exakt zu halten. Chefkochmesser im französischen Stil haben meist nur einen Rundkropf ohne verdickten Bart. Japanische Messer verzichten häufig gleich ganz auf einen Kropf und schärfen die Schneide stets über die ganze Länge. So steht die scharfe Endkante zum Einritzen von Schalen oder zum Entfernen schlechter Stellen bereit.

Wer mag, legt sich noch spezielle Messer zu, mit denen man noch präziser und mit noch mehr Freude und Genuss arbeiten kann: Die Auswahl ist dabei riesig.

(für vielfältige Schneidaufgaben) und die Ferse (der hintere Bereich der Schneide, geeignet für besonders druckvolle Schnitte) gelten als tugendhaft. Das Santoku ist eben ein echter Allrounder.

Kapitelzusammenfassung

In Europa hat die Fertigung und Nutzung von Kochmessern eine Tradition, die bis ins Spätmittelalter zurückreicht und ihren Ursprung an den italienischen und französischen Höfen hatte. Aus diesen Anfängen hat sich eine Vielzahl spezialisierter Modelle entwickelt. Zu den wichtigsten europäischen Kochmessern gehören Chefkochmesser, Officemesser und Brotsäge.

Ungleich größer ist die Kochmesservielfalt in Japan. Nirgendwo sonst nimmt das „Hocho“ (Japanisch für Messer) einen solchen Stellenwert ein. Das Kochmesser gilt dort als „Seele des Kochs“, für jede spezielle Zubereitungsmethode gibt es ein einzigartiges Messer.

Und in China ist das Kochen untrennbar mit dem Schneiden der Lebensmittel verbunden. Mit dem chinesischen Hackmesser (auch „Cai Dao“ oder „Chinese Cleaver“ genannt) dominiert ein einziger Messertyp das ganze Land – und das trotz der vielen unterschiedlichen Regionalküchen Chinas und der langen Kulturgeschichte.

Das Santoku gilt als Alleskönner in der Küche. Hier eine Schweizer Variante mit Kullenschliff.

SOG
PALLARES
SOLSONA
COGNET
Portugal - Since 1870
mini
tuff
lite

Der Freund in der Tasche

Das älteste bisher bekannte Klappmesser stammt aus der archäologisch bedeutsamen Hallstattzeit und ist gut 2500 Jahre alt. Das keltische Stück besitzt bereits eine Eisenklinge. Aus dem 3. Jahrhundert datiert ein mehrteiliges und multifunktionales Besteck- und Werkzeugmesser aus Silber mit Löffel, Gabel und Zahnstocher, das womöglich von einem wohlhabenden Römer als Reisebegleiter benutzt wurde. Die Musterbücher der großen Messerhersteller aus dem 18. und 19. Jahrhundert zeigen Hunderte unterschiedliche Taschenmessermodelle: von feinen Herrenmessern bis hin zu spezialisierten Klappmessern für die Arbeit und die Jagd. Heute ist die Vielfalt an Modellen nicht mehr ganz so groß, aber doch beeindruckend.

Klappmesser sind immer dann eine gute Wahl, wenn es auf ein kompaktes Packmaß ankommt: Eine acht Zentimeter lange Klinge kann trotz vollwertigem Griff mit hosentaschentauglichen elf Zentimetern Gesamtlänge punkten. Das ist unschlagbar. Klappmesser sind auch besonders sicher zu transportieren, da Klingenspitze und scharfe Schneide in eingeklapptem Zustand vom Griff komplett „abgeschottet“ werden. Im Vergleich zu feststehenden Messern sind Klappmesser aufgrund der höheren Zahl von Bauteilen und der notwendigen Mechanik allerdings meistens etwas pflegeintensiver und auch nicht ganz so hoch belastbar.

Klapp-Hilfen

Nagelhau & Klingenrücken

Klappmesser unterscheiden sich darin, wie die Klinge aus- und wieder eingeklappt wird. Das kann auf die traditionelle Art mit zwei Händen erfolgen. Die am weitesten verbreitete Öffnungshilfe bei Zweihandmessern ist neben einem weit aus dem Griff hervorstehenden Klingenrücken der sogenannte Nagelhau. Dabei handelt es sich um eine Kerbe in der Klingenflanke, die dem Daumennagel beim Herausklappen Halt gibt. Die meisten traditionellen Klappmesser gehören zu diesem Zweihandtypus, darunter auch Stillegenden wie das Buck 110.

Automatikmesser

Die Menschheit hat schon immer nach Wegen gesucht, ihre Ziele besonders komfortabel zu erreichen. Und wenn es das Ziel ist, ein Klappmesser zu benutzen, dann gibt es keine bequemere Wahl als ein Automatikmesser. Solche „Springmesser“ werden bereits seit der Mitte des 18. Jahrhunderts hergestellt, damals in Handarbeit für einen eher kleinen Nutzerkreis.

Die Schneidwarenindustrie im englischen Sheffield produzierte ab der Mitte des 19. Jahrhunderts schon Automatikmesser-Modelle in Serie. Auch der Solinger „Springer“ (im Englischen als „Lever-Lock“ bekannt) wird bereits

Die Bezeichnungen des Klappmessers

1) Klingenspitze
2) Schneide
3) Anschliff (hohl, flach oder ballig)
4) Ricasso („Fehlschärfe")
5) Einhand-Öffnungshilfe (hier Spyderco-Loch)
6) Daumenrampe
7) falsche Schneide
8) Griff
9) Back-Lock-Entriegelung
10) Taschenclip

Foto: Spyderco

Springmesser: Um die Klingenachse herum ist eine Spiralfeder gewickelt. Bei eingeklappter Klinge steht sie unter Spannung. Drückt man den Auslöseknopf in den Griff, lässt sie die Klinge herausschnellen.

in Solinger Herstellerkatalogen beschrieben und abgebildet, die vor 1900 aufgelegt wurden.

Ende des 19. Jahrhunderts ergriff das „Automatik-Fieber" durch die Zusammenkunft von George Schrade und der Walden Knife Company auch die USA. Zu Beginn des 20. Jahrhunderts startete dann auch im italienischen Maniago die Produktion der „Coltello Scatto" (Schnapper-Messer). Ohne eines dieser italienischen Stiletti wäre der James-Dean-Klassiker „Denn sie wissen nicht, was sie tun" womöglich nicht ganz so legendär.

Nicht nur behandschuhte Arbeiter, Farmer und Jäger gehörten zur Zielgruppe der Automatikmesser-Hersteller, sondern auch Frauen. Schließlich war es deren gepflegten und feinen Fingernägeln nicht zuzumuten, sich mit einem Nagelhau und einer starken Rückenfeder abzugeben.

Daumenstift, Flipper & Co.

Einhandmesser, wie man sie heute kennt, kamen Mitte der 1970er auf. Den Anfang machte der Daumenpin. Als die Firma Spyderco 1981 das „Worker" entwickelte, glich das einer Revolution. Denn die Klinge des Messers konnte mittels eines kreisrunden Ausschnitts in der Klinge (bis heute Spydercos Markenzeichen) einhändig herausgeklappt werden. Zugleich konnte man das Messer per Clip zugriffsbereit an der Hose befestigen.

Bei einem Flipper-Messer ist die Klingenwurzel so geformt, dass bei eingeklappter Klinge ein kurzer Hebel aus dem Griff ragt. Zieht man diesen mit dem Zeigefinger nach hinten, schleudert das die Klinge heraus. Voraussetzung dafür ist ein leichter Klingengang, wie er dank Kugellagern möglich wird.

Arretierungsmechanismen

Die ersten Klappmesser wurden bereits vor über 2000 Jahren hergestellt. Diese frühen Messer wurden vor allem durch die Reibung an den Griffschalen offen gehalten. Mitte des 17. Jahrhunderts wurde bei der Bediensicherheit dann ein enormer Fortschritt gemacht. Die Entwicklung von konstant reproduzierbarem Federstahl machte es möglich, Klappmesser mit einem Rückenfeder-Haltemechanismus herzustellen. In der Folge entstanden Klingen-Arretierungsmethoden in schier unübersehbarer Vielfalt.

Friction Folder

Das einfachste aller Klappmesser braucht nur Klinge, Achsniet und Griff. Eingeklappt liegt die Klinge im Griffausschnitt. Herausgeklappt stößt das Klingenende am Griff an oder schlägt, sofern der Klingenrücken zu einem Hebel verlängert wurde, auf dem Griff auf. Aufwändigere Konstruktionen von so genannten Friction Foldern besitzen einen separaten Anschlag für die Klinge oder bestehen aus mehrteiligen Griffkonstruktionen.

Gemeinsam ist der Verzicht auf eine Verriegelung der Klinge und eine Feder. Allein die Reibung zwischen der Klinge und den Griffinnenseiten verhindert, dass die Klinge allzu leicht ein- oder ausklappt. Bis heute ist der Messertyp vor allem in Frankreich (Typ: Piemontais) und Japan (Typ: Higonokami) populär.

Slipjoint

Taschenmesser, deren Klinge durch eine Rückenfeder am Einklappen gehindert wird,

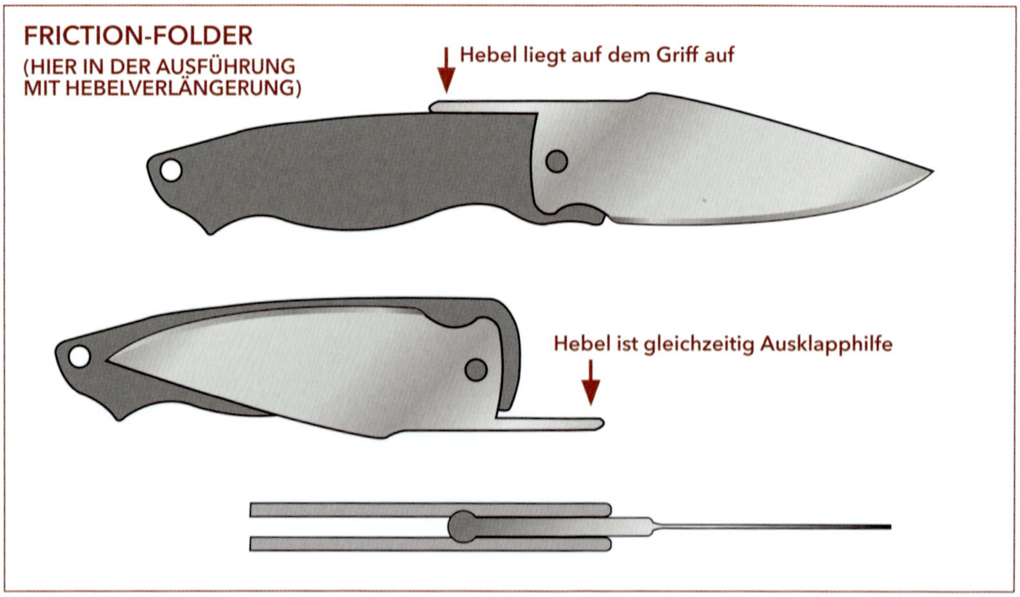
FRICTION-FOLDER
(HIER IN DER AUSFÜHRUNG
MIT HEBELVERLÄNGERUNG)
Hebel liegt auf dem Griff auf
Hebel ist gleichzeitig Ausklapphilfe

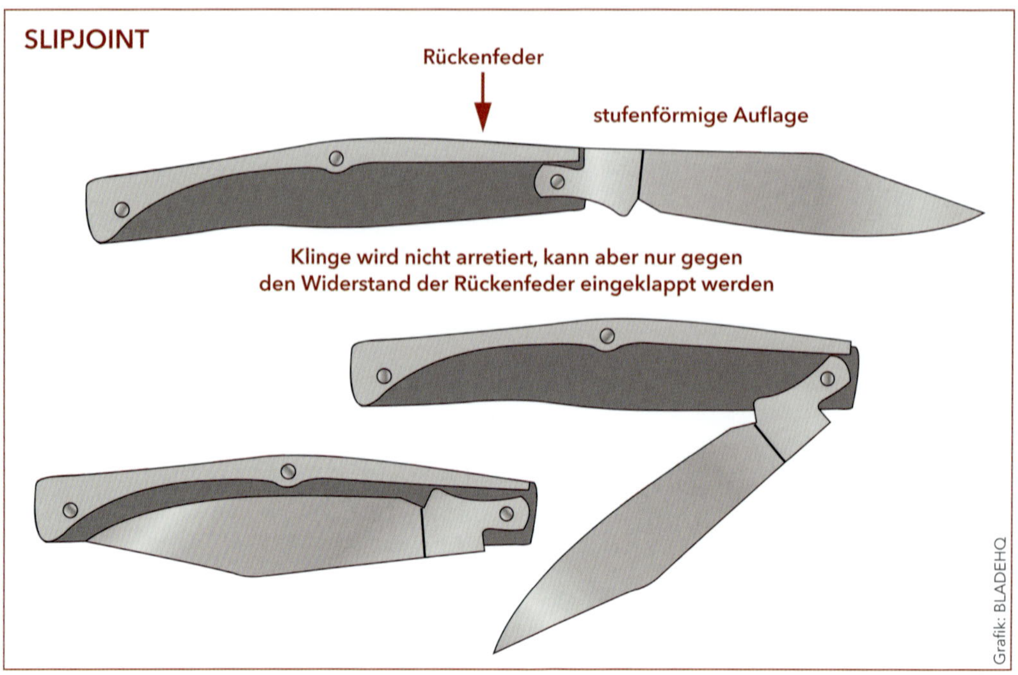
SLIPJOINT
Rückenfeder
stufenförmige Auflage
Klinge wird nicht arretiert, kann aber nur gegen
den Widerstand der Rückenfeder eingeklappt werden
Grafik: BLADEHQ

gibt es erst seit rund 250 Jahren. Ermöglicht wurde diese Klappmesserkonstruktion (im Englischen „Slipjoint" genannt) mit der Entwicklung des Federstahls Mitte des 17. Jahrhunderts.

Bei einem Slipjoint-Messer wird die Klinge zwar nicht arretiert, aber zumindest aktiv festgehalten. Sie wird durch eine im Griffrücken liegende Feder, die auf eine meist stufenförmige Aufnahme in der Klingenwurzel drückt, im Griff oder in Arbeitsposition gehalten. Bei französischen Varianten sieht man auch eine Abwandlung dieser einfachen Konstruktion, bei der die Feder über ein „Hammerköpfchen" verfügt, das in eine speziell geformte Kerbe in der Klingenwurzel greift. Dadurch ist ein erhöhter Kraftaufwand beim Einklappen der Klinge erforderlich.

Das bekannteste Beispiel für Messer mit Rückenfeder ohne Arretierung ist das Schweizer Offiziersmesser. Aber auch Gärtnermesser, Cowboy-Taschenmesser und die regional verbreiteten Messer Frankreichs setzen überwiegend auf ähnliche Mechanismen.

Virobloc

Das bekannteste Messer mit Drehring-Verriegelung ist ein französischer Exportschlager: Beim Opinel sitzt die Klinge in einem einteiligen Holzgriff, dessen Abschluss zur Klinge hin rund geformt ist. Darauf kommt zunächst eine Blechmanschette. Der Achsniet reicht durch diese Manschette hindurch und bildet so zwei Aufnahmepunkte für einen drehbaren und geschlitzten Sicherungsring: den sogenannten Virobloc.

Dreht man den Virobloc, schiebt sich dessen Oberkante vor den Schlitz und verhindert so das Einklappen der Klinge. Auch Nontron, einer der ältesten Messerhersteller Frankreichs

VIROBLOC

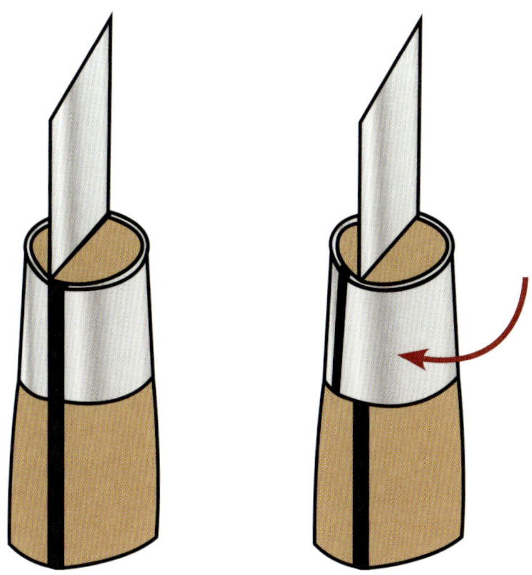

Einfach, aber effizient: Durch Drehen der geschlitzten Manschette wird die Klinge blockiert.

überhaupt, setzt auf einen ähnlichen Drehringmechanismus – und das bereits seit Mitte des 17. Jahrhunderts! Damit ist der Drehring einer der ältesten Verriegelungsmechanismen für Klappmesser.

Back-Lock

Ein Klappmesser, dessen Klinge durch einen verlässlichen Mechanismus festgestellt wird, ist besonders sicher im Umgang. Genau so ein Feststellmechanismus ist der Back-Lock (auch „Backlock" oder „Lockback" geschrieben). Wann er erfunden wurde, ist unklar, vermutlich jedoch schon im 19. Jahrhundert.

Populär wurde er mit dem Modell „110 Folding Hunter" des US-amerikanischen Herstellers Buck Knives. Das kam 1964 auf den Markt und hat sich seitdem ins universelle Messergedächtnis eingeprägt wie wohl kein zweites Klappmesser. Neben den typischen Zutaten wie Klinge, Achse und Griff besteht es aus einem mehrteiligen Feststellmechanismus. Das Verschlussstück ist ein Stahlteil, dessen vorderes Ende zu einem Hammerkopf geformt ist. Eine entsprechend geformte Nut befindet sich an der Klingenwurzel.

Bei ausgeklappter Klinge wird das Verschlussstück durch eine Feder, die am Griffende sitzt, mit dem Hammer voraus in die Klingenwurzelnut gedrückt. Um diese Verbindung zu lösen, muss das andere Ende des Verschlussstücks gegen die Kraft der Feder in den Griff gedrückt werden, so dass der Hammerkopf nach oben schwenkt.

Bei eingeklappter Klinge drückt der Hammer (wiederum durch die Kraft der Feder) auf eine Kante an der Unterseite der Klingenwurzel. Dadurch wird bewirkt, dass die Klinge nicht versehentlich aus dem Griff klappen kann.

Bei den meisten Back-Lock-Messern bildet das Verschlussstück auch den Anschlag der ausgeklappten Klinge. Eine Ausnahme ist die Back-Lock-Variante „Tri-Ad Lock", die von Andrew Demko entwickelt und vom Hersteller Cold Steel in Serie produizert wird. Hier ist ein zusätzlicher Anschlagstift vorhanden, was die Konstruktion stärker macht.

Liner-Lock

Bereits im 19. Jahrhundert gab es Klappmesser, bei denen eine Sperrplatine bei ausgeklappter Klinge so hinter die Klingenwurzel federte, dass ein Einklappen erst nach Beiseiteschieben dieser Platine möglich war. Als Klingenanschlag – und um die eingeklappte Klinge im Griff zu halten – wurde eine herkömmliche Rückenfeder eingesetzt. Dieser heute vereinzelt immer noch verwendete Mechanismus ist zwar zuverlässig, aber nicht so leichtgängig, präzise und spielfrei wie der moderne Liner-Lock.

Die Weiterentwicklung zum Liner-Lock ist Michael Walker zu verdanken, der seit Mitte der 1970er als Messermacher arbeitet und über 20 Verriegelungsmechanismen erfand. Am bekanntesten und am weitesten verbreitet ist sein 1981 entwickelter Liner-Lock, der bei korrekter Konstruktion und präziser Fertigung sehr stabil und verlässlich ist: Um die ausgeklappte Klinge verlässlich zu arretieren, schnappt eine Federplatine direkt hinter die Klingenwurzel. Diese Feder kann als separates Bauteil in den Griff eingelegt sein. Noch häufiger ist sie jedoch ein integraler Bestandteil einer Metallplatine. Die Platine wird dabei so

BACK-LOCK

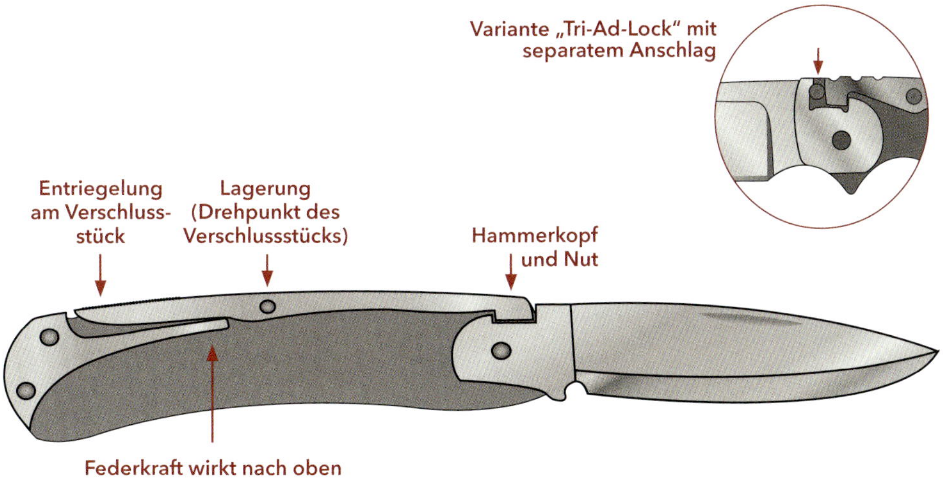

Grafik: BLADEHQ

LINER-LOCK

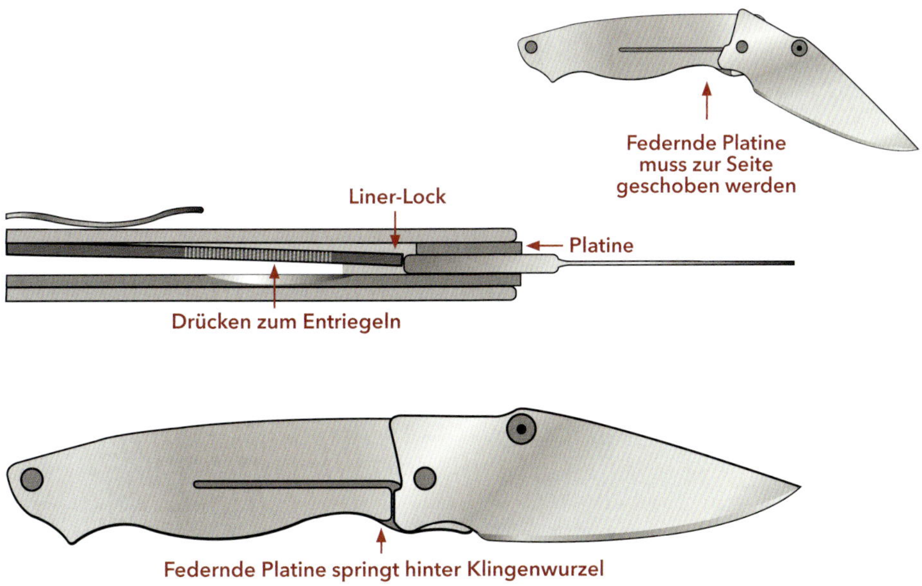

Grafik: BLADEHQ

Wissenswertes

LAWKS: Doppelsicher

Michael Walker entwickelte gemeinsam mit Ron Lake eine Zusatzsicherung für den Liner-Locks. Der LAWKS (Lake And Walker Knife Safety) genannte Mechanismus sperrt zusätzlich die Arretierungsfeder. Zum Einklappen der Klinge müssen also erst die Sperrfeder-Blockade und anschließend die Arretierungsfeder beiseite geschoben werden.

eingeschnitten und vorgebogen, dass der Teilbereich zur Seite federt, an der schräg geformten Klingenrampe anschlägt und die Klinge dadurch gegen den Anschlagbolzen (auch Stopp-Pin genannt) drückt. Um die Klinge einklappen zu können, muss man die Arretierungsfeder zur Seite schieben.

Um die eingeklappte Klinge im Griff zu halten, wird üblicherweise ein sogenannter Detentball verwendet. Dabei handelt es sich um eine kleine Stahlkugel, die in der Arretierungsfeder sitzt. Sie schnappt in eine passende kleine Mulde in der Klingenwurzel ein und hält dadurch die Klinge fest.

Frame-Lock

Beim Frame-Lock, den der südafrikanische Messermacher Chris Reeve erstmals 1987 bei seinem Bestseller-Modell „Sebenza“ einsetzte, handelt es sich um eine Variante des Liner-Lock. Allerdings ist die Arretierungsfeder hier nicht Teile einer separaten Platine, sondern wird von einer der beiden Titan-Griffhälften gebildet. Diese wird in Längsrichtung eingeschnitten und so vorgespannt, dass sie hinter die Klingenwurzel federt, sobald die Klinge ganz herausgeklappt ist. Dort schlägt sie mit ihrem Ende dann an der Schräge der Klingenachse an. Um die Klinge in den Griff klappen zu können, muss die Arretierungsfeder gegen ihre Federkraft nach außen gedrückt werden – ganz wie beim Liner-Lock. Im Vergleich zum Liner-Lock ist die Arretierungsfeder beim Frame-Lock aber deutlich dicker.

Immer mehr Hersteller gehen dazu über, den Anschlag der Arretierungsfeder als separates, austauschbares Bauteil zu fertigen – vor allem dann, wenn die Arretierungsfeder aus Titan oder Aluminium besteht, da diese Materialien deutlich weicher sind als die stählerne Klingenwurzel. So wird dem Verschleiß entgegengewirkt.

Button-Lock

Die Button-Verriegelung findet man häufig bei Automatikmessern – aber nicht nur hier. Das zentrale Element ist ein Arretierungsbolzen, der durch eine der Griffschalen reicht. Er ist so an der Klingenwurzel positioniert, dass er die Klinge blockiert.

Allerdings kann der Bolzen – gegen die Kraft einer Feder, die in der anderen Griffhälfte sitzt – ein Stück weit in den Griff hinein geschoben werden. Dann wandert eine Aussparung im Bolzen so weit nach unten, dass die Klingenwurzel hindurch passt und die Klinge freigegeben wird.

Klappmesser-Klassiker

Die Welt der Klappmesser ist abwechslungsreich. Viele Länder haben es geschafft, ganz bestimmte Messertypen zu etablieren, die als typisch für ihr Land gelten.

Das „Schweizer"

Über viele Jahrzehnte hinweg wurden „Schweizer Taschenmesser" – offiziell und ausschließlich – von zwei Schweizer Firmen hergestellt: dem Familienunternehmen Victorinox aus Ibach und der Firma Wenger aus Delémont im Kanton Jura. Kennzeichnend für beide war der rote Griff mit Schweizer Kreuz und eine sehr hohe Qualität bei moderaten Preisen. Heute produziert nur noch Victorinox das offizielle Schweizer Taschenmesser.

Der Victorinox-Gründer Karl Elsener eröffnete 1884 ein Messerschmiedegeschäft, um die Schweizer Armee mit einem verlässlichen Soldaten-Klappmesser zu versorgen. Ab 1890 gelang ihm das – bis heute stammt das Schweizer Soldatenmesser von Victorinox. Nach diesem ersten großen Erfolg feilte Elsener jahrelang an einer weiteren revolutionären Idee: einem Messer, das in möglichst kompakter Form viele praktische Funktionen bietet. Am 12. Juni 1897 dann ließ er sein elegantes, leichtes und vielseitiges „Offiziers- und Sportmesser" gesetzlich schützen. Gemeinsam bilden diese beiden Modelle immer noch den Grundstock des aktuellen Victorinox-Angebots. Unterstützt werden sie dabei von einer Vielzahl anderer Taschenwerkzeuge, Accessoires und echter Multi-Tools.

Das Offiziersmesser von Victorinox findet man als Designklassiker in vielen Museen dieser Welt, zum Beispiel im New Yorker Museum of Modern Art oder im Staatlichen Museum für angewandte Kunst in München. Auch in der Populärkultur haben die Schweizer Messer längst Klassikerstatus erreicht. Nicht zuletzt durch die amerikanische TV-Serie „MacGyver" der 1980er Jahre gelten sie als Inbegriff von Ideenreichtum und Funktionalität. Das „Swiss Army Knife" hat es sogar schon ins Weltall geschafft, und die NASA empfiehlt es auf ihrer Homepage ganz offiziell als ergänzendes Ausrüstungsstück für ihre Astronauten. Auf Schweizer Qualität ist eben Verlass – immer und überall.

Deutsche Klappmesser

Die Frage nach dem typisch deutschen Klappmesser ist nicht so einfach zu beantworten. Denn in Solingen wurden schon immer Messer für die ganze Welt produziert. Ein Modell, das dort zum Beispiel als Notschlachtmesser oder Hippekniep gefertigt wird, nennt man in den USA „Sodbuster".

Ein deutsches Klappmesser als Pendant zum typischen „Schweizer" gibt es – zumindest namenstechnisch – nicht. Funktional allerdings schon: Denn die ersten „Schweizer Armeemesser" kamen tatsächlich aus Solingen. Sie wurden so lange dort gefertigt, bis der Victorinox-Firmengründer Karl Elsener das Heft selbst in die Hand nahm. Der Solinger Hersteller Böker produziert mit dem „Sportmesser" aber auch heute noch ein Modell, wie es ganz ähnlich bereits vor 1900 als „Militärmesser" angeboten wurde.

Ebenfalls als typisch deutsch dürfen die Solinger Lever-Lock-Springer gelten, wie Hubertus sie heute noch in einer großen Vielfalt

Die Alox-Modelle des Schweizer Herstellers Victorinox werden standardmäßig silberfarben eloxiert. Immer wieder jedoch gibt es Sondervarianten wie dieses „Cadet Colours".

Deutsche Klassiker: Ein Bordmesser der Bundesmarine, eine Hippe des Solinger Traditionsherstellers Lütters, ein Bauernmesser von Kneissler, ein Herrenmesser aus den 60ern, ebenfalls von Lütters, und ein Mercator von Otter (von oben nach unten).

Ein authentisches Laguiole von Passion France, entstanden zusammen mit Robert Beillonnet, einem der besten Messermacher Frankreichs.

Foto: PassionFrance

Opinel-Messer gehören neben dem Laguiole zu den größten Exportschlagern Frankreichs. Die Schnittfähigkeit der bereits 1890 entwickelten Messer ist erstklassig.

Foto: Opinel

Dieses Laguiole wurde vom Kunsthandwerker Pierre Martin für die Firma Laguiole en Aubrac gefertigt. Die feine Ausarbeitung macht es zu einem Kunstwerk.

herstellt, generell auch ein- bis mehrteilige Jagdklappmesser mit Hirschhornbeschalung von Herstellern wie Puma oder Diefenthal.

Die Solinger Hersteller Friedrich Hartkopf und Robert Klaas haben immer noch klassische ein- und mehrteilige Messer im Programm, wie man sie früher als Grundausstattung vieler Männer fand: Einfache, aber gute Messer für die alltägliche Arbeit und die Brotzeit.

Die Traditionshersteller Löwen (C. Lütters & Cie.) und Otter haben im In- und Ausland bei Sammlern und vor allem Nutzern aus dem handwerklichen und maritimen Bereich ebenfalls einen guten Ruf. Zu den bekanntesten Produkten dieser beiden Firmen gehört das „Ankermesser“, das in einer der Griffhälften einen eingelegten Anker besitzt und dessen Klinge eine Schaffußform hat. Otter fertigt darüber hinaus seit vielen Jahren das „Mercator“, ein einfaches Messer, das es schon seit über 100 Jahren in nahezu identischer Form gibt. Zum schier unverwüstlichen Stahlblechgriff, meist in Schwarz lackiert, gesellen sich heute Versionen mit Messing- oder Kupfergriff.

Französische Klappmesser

Typisch für die Franzosen ist deren tiefe Verbundenheit zu der Region, in der sie leben und aufgewachsen sind. Dieses regionale Zugehörigkeitsgefühl ist auch bei den Messern ersichtlich. Auch heute noch sind gut 50 unterschiedliche Klappmessertypen im täglichen Gebrauch: beim casse-croûte (der französischen Art, Brotzeit zu machen), der Arbeit im Garten, auf dem Feld und den Almen, in den Küstengebieten und auf See oder in den Weinbergen. Zum weltbekannten Opinel gesellen sich noch Messer wie das korsische Vendetta,

Wissenswertes

Das Laguiole-Messer: Elegante Linie

Die Geschichte des Laguiole reicht gut 150 Jahre zurück und beginnt im Südwesten Frankreichs. Laguiole, ein kleines Dorf auf den vulkanischen Hochplateaus des Massif-Central, ist Geburtsort und Namensgeber des bekanntesten französischen Messers.

Die Schmiede des Dorfs fertigten zu Beginn des 19. Jahrhunderts neben feststehenden, schlanken „Capuchadou"-Messern auch einfache Klappmesser, die von den Viehzüchtern und Bauern der Region für ihre Arbeit und die vielen alltäglichen Schneidaufgaben benutzt wurden.

Bis sich ein Schmied des Dorfs entschloss, etwas Neues zu erschaffen: Auf Grundlage eines damals verbreiteten Klappmessers, des „Yssingeaux", formte er ein eigenständiges Messer. Filigraner in der Form, mit zum Griffende sanft herabfallender Linie und einer geschwungenen, arabisch inspirierten Klinge ausgestattet, eroberte es bald die Hosentaschen. Die Bezeichnung „Laguiole" ist allerdings nicht geschützt, weshalb dieser Messertyp häufig kopiert wird.

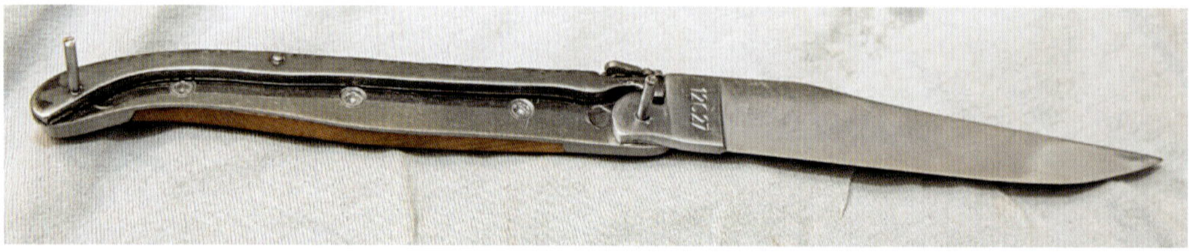

An diesem Messer erkennt man gut den besonderen Laguiole-Haltemechanismus „Cran Forcé".
Die Rückenfeder liegt dabei nicht nur auf der Klingenwurzel auf, sondern verhakt sich ein wenig.

das Seemannsmesser Montpellier oder das „Poisson Culot" („frecher Fisch").

Als schönstes und „französischstes" Messer gilt vielen jedoch das Laguiole. Das schlanke, charakteristisch geformte Messer aus dem Herzen Frankreichs ist benannt nach seinem Herkunftsort, einem Dorf im Aubrac, und weltweit für seine Eleganz bekannt. Es gibt kaum jemanden, der sich seiner Schönheit entziehen kann. Es passt in die harte Arbeit gewöhnten Hände eines Bauern genauso wie in die zartgliedrigen Finger einer jungen Frau. Und wenn in Frankreich ein paar Männer zum „casse-croûte" zusammenkommen, wird erst einmal in den Taschen gekramt und anschließend gefachsimpelt. Worüber? Über das Laguiole natürlich.

„Mit oder ohne Korkenzieher" ist die Kernfrage, zu der sich weitere essenzielle Fragen gesellen. Soll der Griff aus ätherisch duftendem Wacholderholz sein, aus gelblich-geschmeidigem Buchsbaum? Oder doch lieber aus dem traditionellen Griffmaterial Horn, schimmernd und hart? Gibt man einer Klinge aus rostbeständigem Stahl den Vorzug oder doch lieber einer aus nicht-rostfreiem Kohlenstoffstahl, deren Patina bald vom alltäglichen Gebrauch des Messers zeugen wird?

Italienische Klappmesser

Maniago ist eine kleine Stadt im Nordosten Italiens mit knapp 12.000 Einwohnern – und das unangefochtene Zentrum der italienischen Messerfertigung. Nachweislich ab 1453 wurden hier in größerem Maßstab Messer und andere Schneidwaren gefertigt. Aktuell stammen einige der besten Taschen- und Freizeitmesser der Welt von Herstellern aus Maniago.

Gut 300 Kilometer weiter südlich, in der Nähe von Florenz, befindet sich der Ort Scarperia. Auch hier lässt sich die Tradition des Messerhandwerks bis ins Mittelalter zurückverfolgen. Von den stark handwerklich ausgerichteten Unternehmen wie der Coltellerie Berti (seit 1895), der Coltellerie Consigli und der Coltelleria Saladini werden noch zahlreiche historische Taschenmessertypen gefertigt, wie das „Mozzetta", ein Messer ohne Spitze, oder das sardische „Pattada" mit seiner blattförmigen, spitz zulaufenden Klinge.

Spanische Klappmesser

La Navaja heißt „das Taschenmesser". Wobei die ursprünglichen Navaja mit Klingenlängen von 20 und mehr Zentimetern wohl auch für damalige Zeiten nicht allzu hosentaschentauglich gewesen sein dürften. Gut geeignet

Die Sarden haben das „Messer im Blut", sagt man. Das Pattada ist ein klassisches Hirtenmesser (hier ein Exemplar von Vittorio Mura). Es gehört zu den bekanntesten Messertypen Italiens.

Die spanische Bezeichnung für Klappmesser lautet Navaja. Es gibt sie von riesig (bis 50 Zentimeter Gesamtlänge) bis klein und praktisch. Hier eine Auswahl von Pallarès Solsona.

waren diese langen Klingen aber für heißblütige Auseinandersetzungen.

In der Klingenform waren und sind die Navaja nicht festgelegt: Neben bauchig-breiten, schlanken und nahezu dreieckigen Klingen, Salbeiblatt-förmigen und den heute noch populären geschwungen, spitz und dünn auslaufenden Klingen gibt es etliche weitere Formen. Auffallend bei diesen Modellen ist die im Vergleich zu modernen Messern moderate Klingenstärke, die zwei oder maximal drei Millimeter selten überschreitet.

Foto: Wikipedia

Was dieser Spanier hier hält, ist kein Schwert, sondern ein traditionelles Navaja. Die Decke trug man wie einen Gürtel um den Bauch, das Messer steckte als Warnung gut sichtbar darin.

Der Griff ist oft kunstvoll verziert und zeigt meist einen markanten Knick. Das Griffende läuft sehr dünn aus und kann mit Metall eingefasst sein oder komplett aus Metall bestehen und per Niet mit dem Griff verbunden sein.

Der katalanische Hersteller Pallarès Solsona ist für besonders preiswerte Navaja bekannt, die einen einteiligen Kunststoffgriff besitzen und nur wenige Euro kosten, aber schneiden wie der sprichwörtliche Teufel.

Als besonderes Merkmal haben original spanische Navaja eine spezielle Knarrensicherung der Klinge, „Carraca" genannt. Dabei wird die Klingenwurzel mehrfach gezahnt. so dass beim Aufklappen ein charakteristisches, warnendendes Geräusch entsteht: „Jetzt wird's ernst!" Gleichzeitig verhindert der Mechanismus ein plötzliches Einschnappen der Klinge. Gefertigt wurden und werden Navaja in Albacete, Sevilla, Toledo, Malaga, Mallorca, Madrid, Solsona und anderen Städten.

Britische Klappmesser

Die ersten Hinweise auf Messerschmiede in Sheffield finden sich in Steuerberichten aus dem Jahr 1297. Doch auch London war zunächst ganz groß dabei. Erst im 17. Jahrhundert lief Sheffield der englischen Hauptstadt den Rang ab.

Im „Zeitalter der Wasserkraft" war Sheffield mit seinen zahlreichen Flüssen und dem Vorkommen von Kohle und Sandstein, der geeignet zur Herstellung hochwertiger Schleifsteine war, geradezu privilegiert. Im Umfeld der Messermacher siedelten sich schon bald

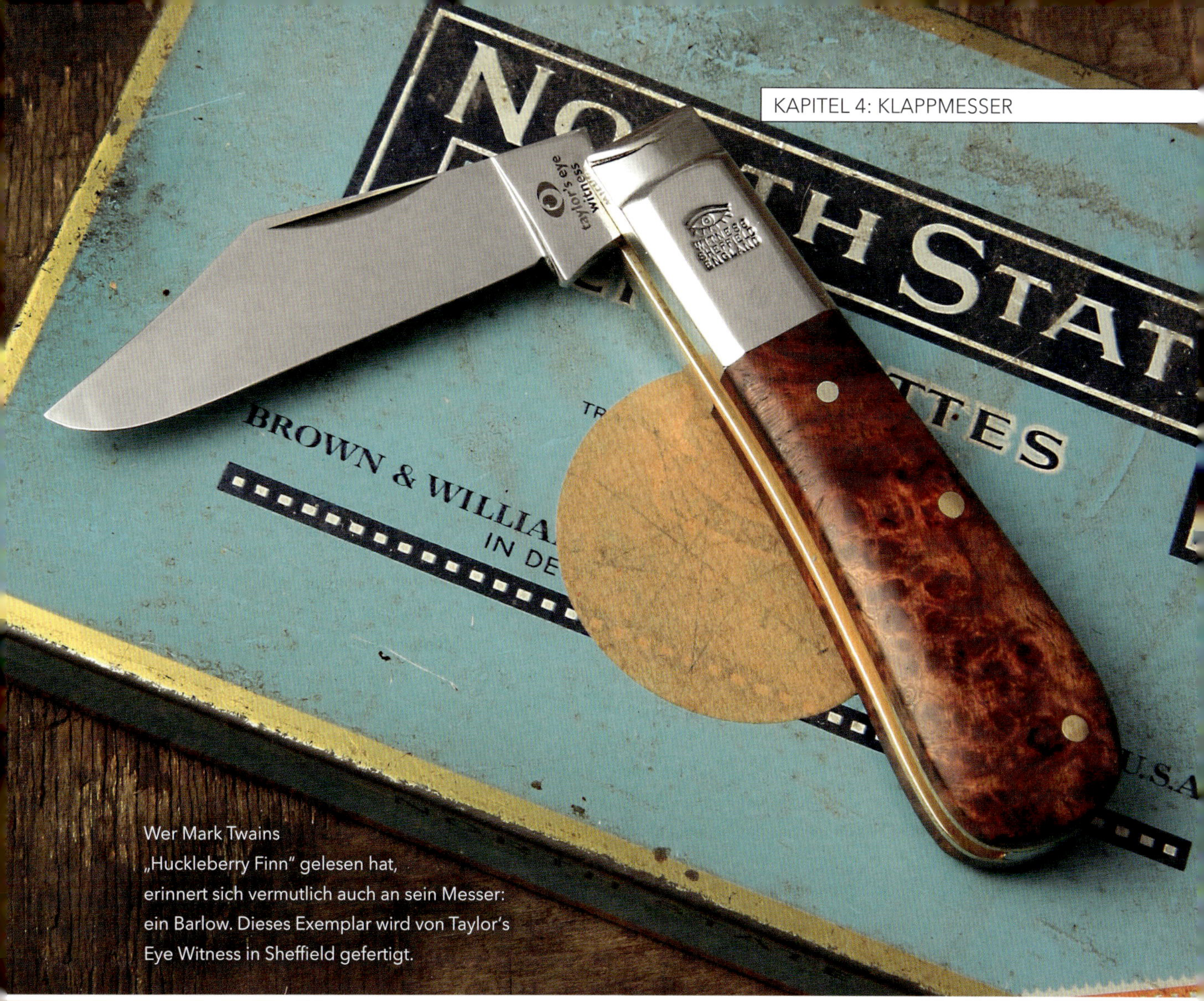

Wer Mark Twains „Huckleberry Finn“ gelesen hat, erinnert sich vermutlich auch an sein Messer: ein Barlow. Dieses Exemplar wird von Taylor's Eye Witness in Sheffield gefertigt.

Im 19. Jahrhundert belieferte Sheffield die ganze Welt mit Messern, die USA gehörten zu den wichtigsten Märkten. Inzwischen können es die Amerikaner allein, wie dieses Barlow von Ka-Bar verdeutlicht.

zahlreiche andere Gewerbe (Feilenschmiede, Nägel-, Knopf- und Scherenmacher) an. Die ganze Stadt muss damals einer riesigen Fabrik geglichen haben, deren einzelne Abteilungen die Stadtbezirke waren.

Im 18. Jahrhundert dann stieg Sheffield gar zur Stahl-Hauptstadt der gesamten Welt auf. Das lag nicht nur an den guten Handwerkern. Nachdem das benötigte Eisenerz zunächst aus Schweden importiert wurde, gelang den Engländern in den 1740ern die Entwicklung des Gussstahls, der damals qualitativ unübertroffen war.

Der Niedergang der Messerindustrie in Sheffield hat viele Gründe: Zunächst brachen wichtige Exportmärkte weg. Amerika war der wichtigste Markt für die Sheffielder Messerhersteller, es wurden sogar spezielle Messer für den Handel mit den Indianern gefertigt: In Aufzeichnungen aus den 1830ern finden sich „Skalpier-Messer" aus Sheffield. Und auch das „uramerikanische" Barlow-Taschenmesser, das durch Mark Twains Roman „Huckleberry Finn" zu Weltruhm gelang, ist ursprünglich ein Sheffielder Messertyp.

Das Barlow ist ein Arbeitsklappmesser mit einer oder zwei Klingen. Die zweiklingigen Ausführungen haben zumeist eine längere Clip-Point-Klinge und eine kürzere Pen-Klinge. Erstmals produziert wurden sie vermutlich bereits im 17. Jahrhundert. Charakteristisch sind die verlängerten Griffbacken, die dem Messer Stabilität verleihen, und ein tropfenförmiger Griff.

Doch irgendwann fertigten die Hersteller in den USA – dank des Knowhows eingewanderter Messerprofis aus Solingen und Sheffield – ihre eigenen Messer. Und in den Weltkriegen wurde Sheffield als Zentrum der britischen Waffenindustrie fast völlig zerstört und hat sich davon nicht mehr erholt. Heute gibt es nur noch wenige Hersteller. Der wichtigste ist die traditionsreiche Sheffielder Firma Taylor's Eye Witness, bei der traditionelle Taschenmesser, Kochmesser und Bestecke gefertigt werden.

Amerikanische Klappmesser

In den USA gibt es einen großen Markt für traditionelle Klappmesser. Schaut man sich zum Beispiel das Produktprogramm des Messerherstellers W. R. Case an, versteht man auch warum: Allein bei diesem Hersteller gibt es Dutzende unterschiedliche Taschenmessermodelle, deren Klingen-Zusammenstellungen und Griffformen historisch belegbar sind: zweiklingige Trapper-Messer, wie sie zum Abbalgen von Bisamratten benutzt wurden, Texas Toothpicks, die bestimmt nicht ausschließlich als Zahnstocher benutzt wurden, und Canoe-Messer, deren Griffform an die Kanus der frühen Siedler erinnert. Dazu kommt, dass es fast jedes Modell mit den unterschiedlichsten Griffdetails gibt.

Die Farben der Knochenbeschalungen tragen so stimmungsvolle Namen wie „Root Beer" oder „Pocket Worn Harvest Orange". Letzteres soll sich so anfühlen, als hätte man das Messer bereits jahrelang in der Tasche getragen.

Zu den bekanntesten US-Klassikern gehört das Modell Stockman, das praktisch alle Hersteller im Programm haben. Es war das klassische Arbeitsklappmesser der Cowboys. Typisch ist der dreiklingige Aufbau mit einer langen Clip-Point-Klinge und einer kürzeren, aber kräftigen Sheepfoot- Klinge am

Traditionelle Klappmesser haben in den USA eine große Fangemeinde. Hier eine Auswahl der Firma Case. Oben und unten je ein „Sway Back Jack", dazwischen zwei „Stockman" in verschiedenen Größen.

Wissenswertes

Congress Knife: 6 Klingen für den Präsidenten

US-amerikanische Klappmesser gibt es auch in feiner Ausführung. Ein solches Modell ist das sechsklingige „Congress Knife". Ein solches Messer, ausgestattet mit silbernen Backen und Elfenbeingriffschalen, vermutlich im englischen Sheffield hergestellt, trug der amerikanische Präsident Abraham Lincoln auch am Tag des tödlichen Attentats auf ihn - gemeinsam mit einem braunen Ledergeldbeutel zum Aufklappen, einem Taschentuch aus weißem Leinen mit in Rot eingesticktem Schriftzug „A. Lincoln" und einem Gegengewicht aus Gold für seine Taschenuhr. Dazu kam eine Faltbrille mit Etui, ein Lisenpolierer, mehrere Zeitungsseiten sowie eine große Brille mit Etui, die Abraham Lincoln mit einem Stück Draht und Faden am Bügel selbst repariert hatte.

Die Klinge dieses Mini-Higonokami ist klassisch dreilagig aufgebaut (San Mai): Mit einem Schneidkern aus hoch gehärtetem, nicht rostfreiem Carbonstahl und zwei Außenlagen aus niedrig legiertem Stahl. Für den einteiligen Griff kommt traditionell Messing zur Verwendung.

Verwandtschaft: Ein original japanisches Higonokami mit starkem Achsniet und darunter ein konstruktiv ähnliches Klappmesser von Citadel.

einen Ende und mit einer Spey-Klinge auf der gegenüberligenden Achse. Letztere wurde zum Kastrieren der Rinder verwendet, was heute so nicht mehr praktiziert wird. Mehrere Klingen verfügbar zu haben, ist durchaus praktisch. Ist die eine nicht mehr scharf, nimmt man die nächste – und für die Essenszubereitung benutzt man eine andere Klinge als für „schmutzige" Arbeiten.

Japanische Klappmesser

Japan ist ein Land der Spezialmesser – insbesondere bei den Kochmessern. Im Bereich der Klappmesser gehört das Higonokami zu den bekanntesten und urtümlichsten Vertretern. Der Ausgangspunkt für die Entwicklung dürfte ein Messer gewesen sein, dessen Griff vermutlich mit dem Schriftzug „Higonokami" (Higo No Kami) graviert war. Kami ist ein aristokratischer Titel, der frei mit Lord oder Gouverneur übersetzt werden kann. Die Provinz Higo gehört heute zur Kumamoto-Präfektur im Südwesten Japans.

Das „Gouverneur von Higo"-Messer gelangte Ende des 19. Jahrhunderts nach Miki in der Präfektur Hyogo. Ob es bereits genau so aussah, wie wir das Higonokami heute kennen, ist nicht sicher. Doch in Miki gab es seit 1899 eine Messermachergilde, und das Messer wurde dort von verschiedenen Gildemitgliedern unter dem Namen „Hirata" gefertigt, benannt nach einem Stadtteil von Miki. 1910 wurde der Begriff Higonokami als Markenname geschützt, und nur Mitglieder der Gilde durften ihre Messer so bezeichnen. Heute gibt es nur noch einen Higonokami-Hersteller, der sich auf diese Gilde-Tradition berufen kann: Nagao aus Miki.

Typisch für das Higonokami ist ein gravierter Griff aus gebogenem Messing, mit dem die geschmiedete Klinge durch einen kräftigen Niet verbunden ist und in dem sie komplett verschwindet. Es gibt keine Feder und keine Verriegelung. Dafür hat die Klinge eine Verlängerung, mit der sie sich leichter herausklappen lässt und die dann auf dem Griff zum Liegen kommt.

Das Higonokami gehörte viele Jahrzente als populärstes Taschenmesser Japans zur Grundausstattung japanischer Männer. In den Schulen wurde es im Werkunterricht zur Holzbearbeitung und zum Anspitzen der Stifte benutzt. Doch in den 1960ern folgte ein neues, sehr strenges Gesetz: Messer waren an den Schulen fortan nicht mehr erlaubt. Zudem wurde das Higonokami immer mehr von modernen Taschenmessern verdrängt. Einige wenige Manufakturen, meist Kleinstbetriebe, fertigen diesen Messertyp aber noch.

Die bekanntesten Typen

Klappmesser werden vor allem nach ihrer Funktion unterteilt: Als stilvollen Alltagsbegleiter nennt man es Gentleman-Messer, als Notfallversicherung wird es zum Rettungsmesser oder Tactical Folder. Entdecken Sie hier die bedeutendsten Klappmesserklassen, ihre Entwicklungsgeschichte und wichtigsten Vertreter.

Gentleman-Taschenmesser

Fein gearbeitete Taschenmesser mit einem dezenten, stilvollen Äußeren bezeichnet man meist als Gentleman-Messer. Die Verbindung zwischen dem funktionalen Schneidwerkzeug und dem noblen Mann von Welt kommt nicht von ungefähr. Noch vor einer oder zwei Generationen gehörte ein Taschenmesser zur Grundausstattung fast jeden Mannes. Da auch ein Gentleman auf die Eventualitäten des Alltags vorbereitet sein wollte, trug er natürlich eine scharfe Klinge bei sich. Die Zeiten haben sich geändert. Doch noch immer sind es bedacht ausgewählte Gebrauchsgegenstände wie ein feines Lederportemonnaie, ein präziser Füller oder eben ein elegant-funktionales Messer, die den Unterschied machen zwischen normal und stilvoll.

Wenn Sie sich nicht sicher sind, ob eines Ihrer Messer der Kategorie Gentleman-Messer zuzuordnen ist, dann stellen Sie sich doch folgende Situation vor: Sie befinden sich als Gast auf einer eleganten Party und bemerken, wie die Gastgeberin mit einer störrischen Verpackung kämpft. Sie treten hinzu, greifen in die Tasche und reichen der Gastgeberin ihr Taschenmesser. Nimmt sie Ihr Messer dankend an, benutzt es und gibt es Ihnen womöglich mit der Bemerkung zurück, dass es ein schönes Taschenmesser sei, haben Sie die richtige Messerwahl getroffen.

Ernten Sie jedoch verstörte Blicke und bekommen seit dieser Episode keine Einladungen mehr, könnte es sich um eine andere Messerart (siehe „Taktische Klappmesser“ am Ende des Kapitels) handeln.

Feine Gentleman-Messer sind eindeutig eine Stärke des japanischen Traditionsherstellers Moki.

Wissenswertes

EDC- und Utility-Messer: Einfach immer dabei

Das Kürzel EDC steht für Every Day Carry. Gemeint ist damit ein Messer, das bautechnisch und funktional so ausgelegt ist, dass es für die alltäglichen Schneidaufgaben gut geeignet ist. Wichtig bei einem EDC-Messer ist auch, dass man es komfortabel mitführen kann. Ein Gentleman-Messer kann dabei genauso ein EDC sein wie ein Tactical Folder – die Ansprüche sind nun mal unterschiedlich. Häufig fasst man unter EDC auch noch viele andere Dinge der Alltagsausrüstung zusammen: vom Portemonnaie bis zur Taschenlampe.

Unter einem Utility-Messer versteht man ein Messer, das in erster Linie funktional ist. Und das heißt, dass es vor allem gut zum Schneiden geeignet ist. Dazu kommen eine möglichst hohe Bediensicherheit und ein angenehm zu fassender Griff.

Vier zweckmäßige und formschöne Alltagsbegleiter, wie sie von Fantoni, Victorinox, Nilte und Spyderco hergestellt werden (von oben nach unten).

Jagdklappmesser

Zu den typischen jagdlichen Aufgaben nach einem erfolgreichen Schuss gehört das „Aufbrechen" erlegter Tiere, wie es in der Jägersprache heißt: Um das Fleisch für den späteren Verzehr hygienisch zu halten, werden dem geschossenen Wild möglichst rasch die Organe und der Darm entnommen. Das geschieht über das Öffnen des Bauch- und Brustraums („Aufbruch") und das Lösen des Darms über den After („Ringeln"). Dazu benötigt man eine scharfe und kontrolliert einsetzbare Klinge.

Ein Klappmesser gehört für viele Jäger deshalb zur Standardausstattung. Dank der meist relativ kompakten Abmessungen passt es in die Hosen oder Jackentasche und ist so immer greifbar, wenn man es braucht. Die scharfe Klinge ist dabei sicher im Griff verstaut. „Je erfahrener der Jäger, desto kürzer die Klinge", heißt es häufig. Wer weiß, was er tut, kommt auch mit sechs Zentimetern bestens zurecht, wenn es ans „Versorgen" des heimischen Wilds geht.

Dennoch sind die Klingen häufig etwas länger. Sollte der Jäger einmal in die Situation kommen, ein angeschossenes oder angefahrenes Tier per Stich töten zu müssen („Abfangen"), weil der Gebrauch einer Schusswaffe aus welchen Gründen auch immer nicht möglich ist, ist das Mehr an Klingenlänge absolut notwendig.

Mehrteilige Jagdklappmesser besitzen neben der Drop-Point-Universalklinge meist noch eine Aufbruchklinge: Sie ist nach innen gekrümmt und hat anstelle einer normalen Spitze häufig ein gerundetes, kugelförmiges Ende. Damit schneidet man mit der Schneide nach oben den Bauchraum auf, ohne dabei Gefahr zu laufen, die Innereien versehentlich zu punktieren. Auch eine Säge ist praktisch, denn für passgenau abgelängte Stöcke gibt es bei der Jagd reichlich Verwendung, zum Beispiel als Wanderhilfe.

Rettungsmesser

Die Notfallversorgung in Deutschland ist gut. Nach Eingang eines Notrufs bei der Leitstelle über die Telefonnummer 112, von wo aus an die Polizei, die Feuerwehr oder den Rettungsdienst weitervermittelt wird, trifft schnell Hilfe ein. Relativ schnell, denn zehn oder auch mal 20 Minuten ab Eingang bei der Leitstelle können schon zu lange sein: zum Beispiel wenn ein verunfallter Pkw-Fahrer nicht aus dem Auto kommt, weil der Gurtlöser nicht erreichbar ist oder die Türen klemmen.

Genau für solche Situationen stellen immer mehr Messerhersteller spezialisierte Werkzeugmesser her, die mit Gurtschneider und Glasbrecher ausgestattet sind. Die Gurtschneide-Klingen sind oft mit einem Wellenschliff versehen, um sich kraftvoll durchzubeißen. Ihre Spitze ist zum Schutz abgerundet.

Glasbrecher sollten spitz zulaufen und aus hoch gehärtetem Stahl oder Wolframkarbid bestehen. Mit ihnen schlägt man in die Ecken der Sicherheitsglasscheiben. Das verspricht am ehesten Erfolg. Um das Verwendungsspektrum zu vergrößern – etwa zum Öffnen und Zurechtschneiden von Verbandsmaterial, Auftrennen der Kleidung, Schneiden von Seilen – ist eine separate Klinge sinnvoll.

Manche Hersteller wie das Schweizer Unternehmen Victorinox gehen sogar noch weiter. Dort stattet man das gemeinsam mit

Das Buck 110 – hier in einer Sonderversion mit Griffschalen aus Eichenholz und einer Klinge aus 5160-Carbonstahl – ist das vermutlich bekannteste Jagdklappmesser der Welt.

Beim Victorinox „RescueTool" ist vom Glasbrecher über die Gurtschneideklinge bis zur Verbundglassäge alles vorhanden, was man brauchen könnte.

Sal Glesser, Inhaber von Spyderco, ist selbst ein begeisterter Segler und verwirklichte mit dem „Tusk" seine Vorstellung eines perfekten Seglermessers. Für die Klinge wird der mit Stickstoff legierte, hoch rostbeständige Spezialstahl LC200N eingesetzt. Die Klinge und der Marlspieker arretieren.

Hinter dem „Ulize", das der deutsche Messermacher Uli Hennicke für Spyderco entwarf, stehen die Anforderungen eines langgedienten SEK-Beamten: Es ist für polizeiliche Durchsuchungen, Rettungs- und Befreiungsschnitte, zum Abfangen von verletzten Tieren und mehr gedacht.

der Berufsfeuerwehr entwickelte „RescueTool" zusätzlich mit Etui, nachleuchtenden Griffschalen, Hebelklinge und Verbundglas-Säge aus. Damit ist dann wirklich jedes Fahrzeug zu knacken.

Maritime Klappmesser

Was man an Bord eines Segelschiffs braucht, ist ein zweckmäßiges Messer. Denn irgendwo gibt es immer ein Seil oder Tau zu kappen, eine Plane einzuschneiden oder einen Knoten zu lösen. Dabei schlägt die Stunde der maritimen Messer.

Sie besitzen eine typische Klingenform: Bei den meisten Modellen verläuft die Schneide kerzengerade und endet – da sich der Klingenrücken meist recht steil bis zur Schneide herabsenkt – weniger in einer Spitze als eher in einer scharfen Kante. Damit lässt sich sehr präzise arbeiten. Ein weiterer Grund für die fehlende Spitze ist die erhöhte Sicherheit im Umgang mit dem Messer.

Die gerade Schneide ermöglicht besonders druckvolle und kontrollierte Schnitte an hängenden oder gespannten Seilen. Muss sehr starkes Tauwerk geschnitten werden, legt man die Klinge mit der Schneide auf und treibt sie mit Schlägen eines Klöppels auf den Klingenrücken durch das Seil. Dazu muss die Klinge und die Nietverbindung natürlich ausreichend stabil sein.

Zahlreiche Messer wie zum Beispiel das Bordmesser der Bundeswehr haben auch noch einen sogenannten Marlspieker an Bord. Das ist ein kräftiger, abgerundeter Metalldorn, mit dem man Seile in die einzelnen Stränge zerlegen kann (das sogenannte Aufspleißen) und festsitzende Knoten löst. Typisch für maritime Messer ist auch eine Öse oder ein Griffbügel zur Sicherung des Messers an der Kleidung.

Taktische Klappmesser

Der Begriff „Tactical Folder" ist aus der Messerszene nicht mehr wegzudenken. Doch was genau ist ein taktisches Klappmesser? Sind die spanischen Navajas mit ihren langen Klingen, die auch zum Selbstschutz geführt wurden, taktisch? Ist ein Mercator-Messer, wie es in der zweiten Hälfte des 19. Jahrhunderts erfunden und auch von Soldaten der preußischen Armee benutzt wurde, ein Tactical Folder?

In gewisser Weise schon – wenn man unter einem taktischen Klappmesser ein Messer versteht, das im Alltag eine hilfreiche Unterstützung darstellt, bei Bedarf zum Survival-Werkzeug wird und in der Not zur Selbstverteidigung eingesetzt werden kann.

Zu den ersten Serienherstellern, die taktische Klappmesser produzierten, gehörte die US-Firma Al Mar. Das Modell „Eagle" war noch ein elegantes, schlankes, gleichwohl stabiles Klappmesser. Das kurz darauf entwickelte „SERE" (Survival, Evasion, Resistance, Escape) jedoch war und ist ein nahezu unzerstörbares Ungetüm von einem Messer, das aufgrund seiner relativen Kompaktheit (im Vergleich zu einem feststehenden Kampfmesser) immer am Mann sein kann und Soldaten in Not als verlässliches Werkzeug und Waffe dienen soll.

Wissenswertes

Taktische Klappmesser: Der „Tactical Folder"

Es war der US-Messermacher Bob Terzuola, der den Begriff „Tactical Folder" um 1990 herum für sich beansprucht und geprägt hat. Gemeinsam mit anderen Messermachern wie Ernest Emerson spezialisierte er sich auf Klappmesser, deren Klinge schnell einsatzbereit gemacht werden kann und die stabil genug sind, um auch unsachgemäßen Einsatz, wie er im Einsatz immer wieder vorkommen kann, zu überstehen.

Foto: Archiv Messer Magazin

Der amerikanische Messermacher Bob Terzuola (hier mit seinen Söhnen in der Werkstatt) ist ein Urgestein der taktischen Messerszene. Er gilt als Erfinder des Begriffs „Tactical Folder".

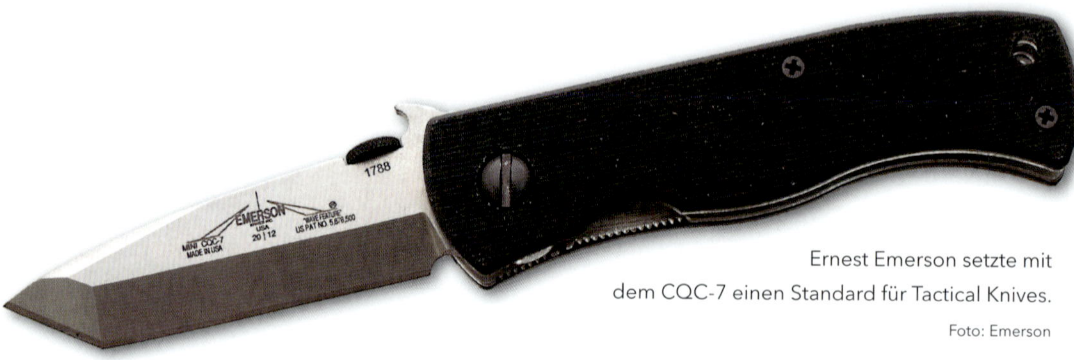

Ernest Emerson setzte mit dem CQC-7 einen Standard für Tactical Knives.

Foto: Emerson

Kapitelzusammenfassung

Klappmesser sind keine neumodische Erfindung: Das derzeit älteste bekannte Klappmesser ist rund 2500 Jahre alt. Der große Vorteil von klappbaren gegenüber feststehenden Messern ist ihr kompaktes Maß: Die scharfe und spitze Klinge kann dabei fast so lang sein wie der Griff und verschwindet bei Nichtgebrauch darin.

Die einfachsten Klappmesser bestehen nur aus einer Klinge, einem Achsstift und einem eingeschnittenen Griff. Taschenmesser, deren Klinge durch eine Rückenfeder in Position gehalten wird, gibt es erst seit rund 250 Jahren – denn erst zu diesem Zeitpunkt verbreitete sich die Herstellung von Federstahl.

Besonders sicher im Umgang sind Klappmesser, deren ausgeklappte Klinge zuverlässig arretiert wird. Dieser Aufgabe widmen sich inzwischen zahlreiche Mechanismen. Zu den bekanntesten gehören die Drehring-Verriegelung (Opinel), der Back-Lock (wie beim Buck 110), der Liner-Lock (zum Beispiel bei der M-Serie von CRKT) und der Frame-Lock (Chris Reeve Sebenza).

In vielen Ländern dieser Welt haben sich im Laufe der Jahrhunderte ganz besondere Klappmessertypen entwickelt, die als charakteristisch gelten. Dazu gehören das weltbekannte „Schweizer Messer“ genauso wie die Klapphebel-Springmesser aus Deutschland, das Laguiole aus Frankreich, das knarrige Navaja aus Spanien, die Cowboy-Klappmesser der USA oder das japanische Higonokami.

Zu den bekanntesten Klappmesser-Klassen gehören die feinen Gentleman-Messer, die sich durch eine elegante Optik und häufig auch durch besondere Materialien und aufwändig gearbeitete Details auszeichnen. Bei sogenannten taktischen Klappmessern stehen hingegen die schnelle Einsetzbarkeit der Klinge und eine besonders solide Konstruktion im Vordergrund.

Ein Lever-Lock-Springer mit dem typischen Klapphebel, hier mit Damast-Klinge aus der Solinger Fertigung von Hubertus.

Foto: Dovo

Glatt mit Stil

James Bond hat es im Film „Skyfall" nicht gerade leicht: Erst wird er von seiner Kollegin Eve Moneypenny angeschossen und daraufhin für tot erklärt. Später wird er von Moneypenny auch noch eingeseift – im wahrsten Sinne des Wortes. Denn als sie Bond wichtige Informationen übermittelt, bereitet der sich gerade auf eine gründliche Rasur vor. Das nimmt dann Moneypenny in die Hand – und zwar auf die klassische Weise mit dem Rasiermesser.

Ob James noch mal sein Leben in ihre Hände gibt? Er tut es, denn „manchmal ist es auf die altmodische Art eben doch am besten". Da sind sich Eve und der nur mit einem Handtuch bedeckte James einig und kommen sich so nah wie nie zuvor.

Es sind Filmauftritte wie dieser oder die blutige Eröffnungssequenz von „Gangs of New York" mit Leonardo di Caprio und Daniel Day-Lewis, die Rasiermesser ins Bewusstsein einer neuen Generation holen. Nach der beschriebenen Filmszene bei James Bond sollen die Rasiermesserhersteller übrigens ihre Umsätze vervielfacht haben.

Rasiermesser sind ein Stück Schneidwerkzeug-Kultur. Sie bestanden zunächst aus scharfkantig zurecht gehauenen Obsidiansteinen, aus Kupfer, Bronze oder gar Gold, später dann aus Eisen und Stahl. Rasiermesser mit einer Stahlqualität, die der heutigen ähnelt, sind erst seit Mitte des 18. Jahrhunderts bekannt.

Früher war das Rasieren mit dem Rasiermesser Standard. Denn die sogenannten Sicherheitsrasierer (zunächst Rasierhobel) wurden erst Anfang des 20. Jahrhunderts entwickelt. Heute ist das Rasieren mit der Klinge eine Fertigkeit, die wieder stärker ins Sichtfeld vieler Männer rückt.

Fast jeder Mann wird sich schon mal gefragt haben, wie sich eine Rasur mit dem Messer anfühlt. Und ob es wirklich eine gute Idee ist, sich die Bartstoppel mit einer extrem scharfen Klinge von der Kehle zu schneiden.

Natürlich ist es eine gute Idee! Denn ein Rasiermesser ist das Sinnbild für Schärfe auf höchstem Niveau. Und es ist eine Anschaffung fürs Leben. Da relativiert sich auch der Anschaffungspreis, der für Rasiermesser der Einstiegsklasse bei gut 50 Euro liegt, aber je nach Ausführung auch um ein Vielfaches höher sein kann. Wer bisher noch kein Rasiermesser in der Sammlung hat, dem fehlt etwas.

Wer das Rasieren mit der Klinge erst einmal beherrscht, für den kann die Rasur zu einer „ziepfreien" und entspannenden Angelegenheit werden. Eine scharfe Klinge rasiert eben geschmeidiger als fünf Klingen, die „hinter Gitter" müssen. Und wer seine Rasur mit allem was dazu gehört zelebriert, mit heißen Wickeln zu Vorbereitung, gut riechendem Rasierschaum und einem schönen Aftershave, der kann sich glatt den nächsten Wellnessurlaub sparen.

Rasiermesser-Formen und -Schliffarten

Querschnitte der Rasiermesser-Hohlung

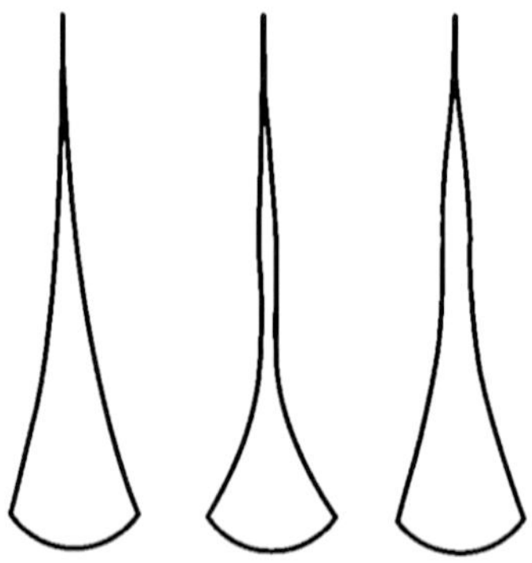

Beispielhafte Kopfformen

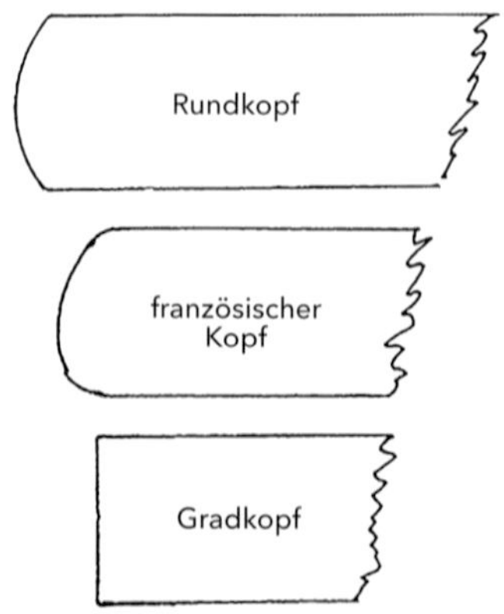

Bezeichnungen beim Rasiermesser

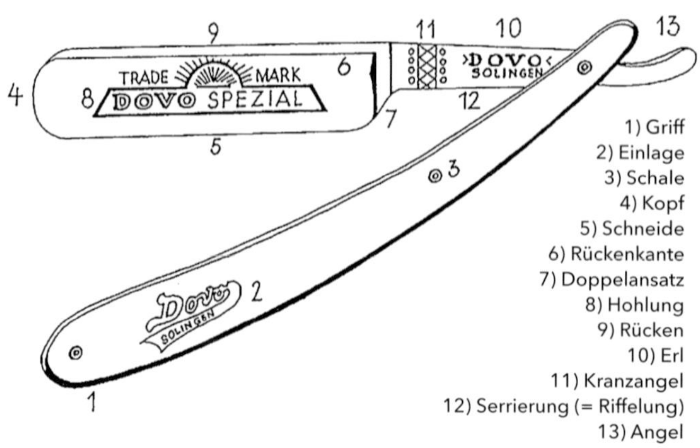

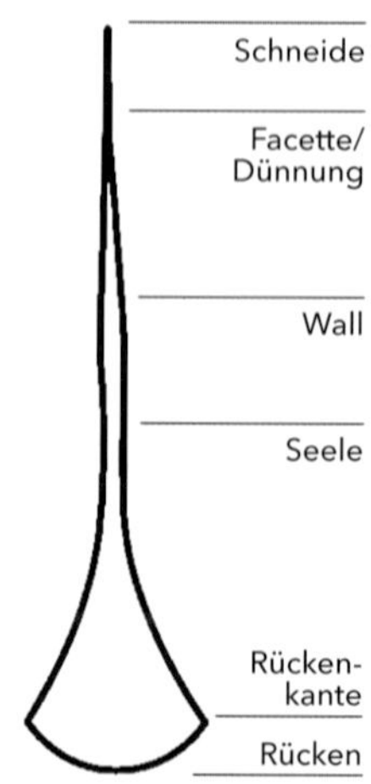

Grafiken: Dovo

FRAME-LOCK

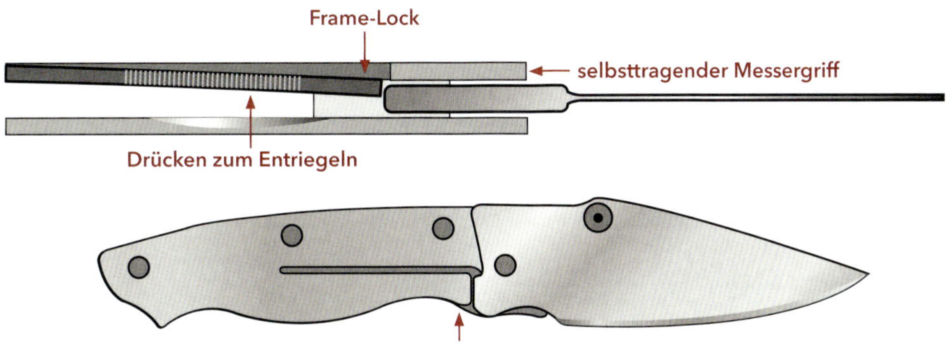

Der Frame-Lock ist eine Variante des Liner-Lock. Der Unterschied besteht darin, dass die Sperrplatine ein Teil der selbsttragenden Griffschale ist. Sie besteht bei hochwertigen Messern aus Titan.

Grafik: BLADEHQ

BUTTON-LOCK

Grafik: BLADEHQ

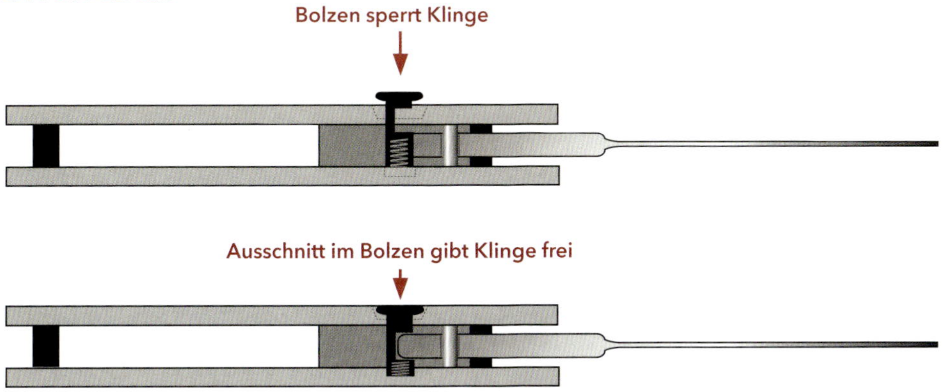

Der Button-Lock wird vor allem bei Automatikmessern eingesetzt, kann aber auch bei normalen Klappmessern verwendet werden.

1.4037 mit erhöhtem Kohlenstoffanteil von 0,6 bis 0,7 Prozent werden gerne verwendet. Er ist etwas pflegeleichter und erreicht Härten von 57 bis maximal 60 HRC.

Erfahrene Nutzer berichten, dass beim Rasieren praktisch keine Unterschiede zwischen den beiden Stahlsorten spürbar sind. Ihre Pflegeleichtigkeit erkaufen sich rostbeständige Rasiermesser jedoch mit etwas mehr Aufwand beim Ledern: So nennt man das Auffrischen der Schneidkante mit Hilfe eins Abziehriemens.

Rasiermesser-Pflege

Nach dem Gebrauch wird ein Rasiermesser mit klarem Wasser abgespült und sorgfältig getrocknet. Dabei sollte man behutsam vorgehen. Denn die Schneidkante ist sehr empfindlich und könnte den Kontakt mit Baumwollfasern mit Schärfeverlust quittieren.

Der Kontakt der Schneide mit allem, das härter ist als ein Haar, ist unbedingt zu vermeiden. Vorsicht deshalb auch beim Ein- und Ausklappen, denn die Griffschalen können sich verziehen! Herkömmliche Tests zur Überprüfung der Schärfe wie das Schneiden von Papier, führen ebenfalls zum Abstumpfen. Und natürlich sollte man nicht versuchen, ein aus der Hand oder vom Waschbeckenrand gerutschtes Messer aufzufangen. Lieber ein professioneller Nachschliff als eine tiefe Schnittverletzung!

Klingen aus nicht rostbeständigem Normalstahl werden bei längerer Lagerung mit ein wenig Öl behandelt. Kamelienöl ist hier immer eine Empfehlung.

Rasiermesser-Zubehör

Zusätzlich zum Rasiermesser benötigt man noch mindestens einen sogenannten Abziehriemen (mehr zum Schärfen von Rasiermessern in Kapitel 12). Manche Nutzer berichten, dass sie die Schärfe Ihrer Rasiermesser ausschließlich durchs Ledern erhalten können. Tatsache ist: Das Ledern gehört unweigerlich dazu. Man muss es beherrschen. Einen etwaigen Nachschliff übernehmen auch Profis.

Wer sein(e) Rasiermesser selber schärfen will oder gern Flohmarktfunde aufarbeitet, braucht Schleifsteine: Hier haben sich japanische Wassersteine bewährt, Arkansas-Steine oder der Belgische Brocken.

Um die Rasur so leicht und angenehm wie möglich zu machen, sollte man in einen guten Rasierpinsel investieren: Das kann, muss aber nicht Dachshaar sein. Dazu benötigt man Rasierseife oder -Creme und eine Rasierseifenschale zum Aufschlagen des Schaums. Ein Alaunstein stoppt kleinere Blutungen.

Kapitelzusammenfassung

Das klassische Rasiermesser ist ein Sinnbild für Schärfe auf höchstem Niveau. Die Traditionshersteller fertigen hochwertige und faszinierend schöne Messer, die sich in jeder Sammlung gut machen. Obwohl sie ja nur zum Anschauen eigentlich zu schade sind. Denn mit klassischen Rasiermessern kann man sich sehr gründlich und komfortabel rasieren, wenn man ihre Pflege und die Grundkniffe des Rasierens beherrscht – und das kann man relativ einfach lernen.

Wissenswertes

Rasiermesser: Kleine Etikette

- Ein Rasiermesser wird immer geschlossen übergeben.
- Beim Schließen führt man die Klinge kontrolliert zwischen die Schalen. Nicht achtlos zuklappen wie ein Taschenmesser.
- Die Schärfe nicht mit Finger oder Daumen prüfen.
- Nach dem Rasieren gut reinigen und trocknen lassen.
- Zwischen Rasur und Ledern gönnt man der Schneide gut einen Tag Erholungspause.

Ganz links ein archaisches, feststehendes Rasiermesser aus Japan (Kamisori), daneben Solinger Klingen von den Traditionsherstellern Dovo, Böker, Golddachs, Giesen & Forsthoff, Wacker und Puma.

Wissenswertes

Herstellung: So entsteht ein Rasiermesser

Insgesamt sind zur Herstellung eines Rasiermessers, wie es etwa von Dovo in Solingen gefertigt wird, rund 80 Arbeitsschritte notwendig. Hier die wichtigsten.

▶ Aus Stahlbändern werden die sogenannten Spaltstücke geschnitten. Das sind Metallstücke, die etwas länger und breiter sind als die spätere Klinge.

▶ Diese Spaltstücke werden auf etwa 1.100 °C erhitzt und in einer Solinger Gesenkschmiede von einem zentnerschweren Hammer in Formen, die sogenannten Gesenke geschlagen. Dadurch wird die spätere Kontur und der Querschnitt von Rücken, Klinge und Erl vorgegeben. Die Formgebung im geschlossenen Gesenk ist auf einige Zehntelmillimeter genau.

▶ Bei dem auf das Glühen folgenden Abgraten wird das überschüssige Metall der „Flügel" entfernt. Die Kontur der Rasiermesserklinge ist bereits gut zu erkennen.

▶ Dann wird der Erl auf Maß gefräst oder geschliffen sowie das Loch zur Nagelaufnahme (der Niet) gebohrt und gegebenenfalls das künftige Markenzeichen im Erl eingebracht.

▶ Die Rohlinge werden anschließend in einer Lohnhärterei gehärtet und dabei je nach Legierung auf 810 bis 1040 Grad Celsius im Bleibad erhitzt. Damit das Blei nicht haften bleibt, werden die Klingen zunächst mit Graphitstaub bedeckt. Das anschließende Abschrecken erfolgt in Härteöl oder bei rostfreiem Stahl mit Luft.

▶ Nach dem Reinigen der Klingen erfolgt das Anlassen der Klingen bei etwa 200 Grad. Dadurch verringern sich die internen Spannungen im Stahlgefüge, die durch den Härtevorgang erzeugt wurden. Der Stahl verliert etwas an Härte, wird aber zäher.

▶ Härteverzug der Klingen wird anschließend von Hand und nach Augenmaß mit dem Hammer gerichtet.

▶ Die vergütete Klinge bekommt anschließend ihren Hohlschliff, hier Hohlung genannt. Dazu wird sie von einem erfahrenen Schleifer (der Hohlschleifer war früher eine Meister-Ausbildung) zwischen zwei rotierende, kreisrunde Schleifsteine geschoben. Ihr Radius gibt das Ausmaß der Hohlung vor. Es kommen verschiedene Schleifsteine in immer feiner werdenden Körnungen zur Verwendung. Auch der Rücken und die Angel werden sauber geschliffen.

▶ Die heute aktuelle Berufsbezeichnung der IHK für den Rasiermesserschleifer lautet: Werkzeugmechaniker Fachrichtung Instrumententechnik. In der Handwerksausbildung ist es der Schneidwerkzeugmechaniker.

▶ Anschließend erhalten die Klingen beim sogenannten „Pließten" auf kleinen Filz- oder Lederscheiben (aus Walrossnackenleder) ihren Feinschliff und die Politur. Die Scheiben werden mit einer Mischung aus Leim und Korund eingerieben. Hohe Konzentration ist immer wieder erforderlich, damit die Schneide über die ganze Länge vorn dünn wie eine Rasierklinge wird. Bei diesem Vorgang darf das Material nicht überhitzen, damit Härte und Schnitthaltigkeit erhalten bleiben.

▶ Die Klingen werden dann üblicherweise mit Lasergravuren versehen, teilweise auch mit Vergoldungen (Damaszierungen), die elektrolytisch aufgebracht werden.

▶ Anschließend erfolgt die Montage der vom „Ausmacher" vorbereiteten Griffschalen. Die Klinge wird dabei von einem Neusilberstift zwischen den Schalen gehalten. Die Schneide darf unter keinen Umständen den Griff berühren, sonst würde sie beschädigt werden.

▶ Die endgültige Rasierschärfe wird mittels einer leicht konkaven Tellerschleifscheibe, Bankschleifsteinen und durch Ledern angebracht. Das Ziel ist eine auf Null ausgeschliffene Schneide mit höchster Feinheit.

▶ Überprüft wird die Schärfe mit einem Haar, das bei leichtester Berührung „über die Klinge springen" muss. Andere Schärfetests wie Schneiden von Papier wären für die besonders fein ausgeschliffenen Rasiermesserklingen völlig ungeeignet.

▶ Polierarbeiten am Griff sowie Einfetten, Putzen und Verpacken in Kartons schließen die Arbeiten ab.

Foto: Giesen & Forsthoff

Foto: Dovo

Foto: Giesen & Forsthoff

VICTORINOX
VICTORINOX SWISS TOOL
LEATHERMAN SQUIRT PS4
VICTORINOX

Multifunktionale Schwergewichte

Die Erfindung des modernen Multitools in Zangenform ist untrennbar mit Tim Leatherman verknüpft, dessen Name zum Synonym für das Multitool wurde. In den 1970ern reiste Tim mit seiner Frau im Fiat durch Europa und Vorderasien und hatte häufig Probleme mit seinem launenhaften Auto, aber kein anständiges Werkzeug parat. Meist behalf er sich mit einem traditionellen Boyscout-Klappmesser. Das besaß jedoch keine Zange.

In einem Hotelzimmer in Teheran bastelte der gelernte Maschinenbauer dann erste Pappschablonen für das Modell eines kompakten, vielseitigen Werkzeugs. Wieder zu Hause, tüftelte er mit seinem Schwager so lange herum, bis er ein Multifunktionswerkzeug mit einklappbarem Zangenkopf und weiteren Zusatzwerkzeugen wie Klinge, Dosenöffner und Schraubendrehern vorweisen konnte.

1980 ließ Tim Leatherman seinen „Mr. Crunch", wie er das Werkzeug nannte, patentieren (U.S. Patent 4238862). Sogar die New York Times berichtete über das Werkzeug, und Tim Leatherman ging davon aus, dass ihm dieses Patent für Millionen von Dollar aus der Hand gerissen werden würde. Doch niemand interessierte sich für seine Erfindung.

Der große Erfolg und der damit verbundene Geldsegen wollte nicht einsetzen. Zu krude und zu ungewöhnlich sah Mr. Crunch wohl

Zum Patent angemeldet, von der New York Times besprochen – und doch kein Erfolg: Tim Leathermans „Mr. Crunch" ebnete den Weg für alle folgenden Multitools.
Foto: Leatherman

aus. Erst 1983, mit der Einführung des PST (Personal Survival Tool), begann die ungebrochen fortdauernde Erfolgsgeschichte von Leatherman. Das PST hatte als zentralen Bestandteil einen regulären Kombizangenkopf zum Einklappen und war zudem mit Klinge, Metallfeile und -säge sowie den gängigsten Schraubendrehern ausgestattet. Die Legende berichtet, dass Leatherman seinen Entwurf auch dem Messerhersteller Gerber angeboten hatte. Doch Gerber lehnte ab!

Das erste PST mit der Seriennummer 001 wurde vom deutschen Sammler Wolf Schulz-Tattenpach gekauft, der Tim Leatherman 1983 bei einer Messerausstellung in Eugene, Oregon, traf. Und so erzählt Wolf Schulz-Tattenpach, der seit diesem Tag freundschaftlich mit Tim Leatherman verbunden ist, die Geschichte:

Tim Leatherman kam zu uns und lud meinen Geschäftspartner Peter und mich getrennt zu sich an den Tisch ein. Tim wollte herausfinden, mit welchen Komponenten er das PST bestücken sollte. Sein ganzer Tisch war voll mit Zangenköpfen, Klingen, Schraubendrehern und Säge. Also setzte ich das Tool so zusammen, wie ich es für sinnvoll hielt. Als er kurz darauf Peter nach seiner Meinung fragte, entschied der sich exakt für die gleiche Werkzeugkombination. Tim war total erstaunt und fragte uns, ob wir an den Erfolg eines solchen Tools glauben würden. Was für eine Frage! Ich gab ihm meine Visitenkarte und bestellte das erste Personal Survival Tool, das am 7. Mai 1983 bei mir ankam.

Seit diesem Tag wurden mehr als 150 Millionen Leatherman-Tools verkauft. Doch Leatherman war nicht der erste, der ein Zangen-Multitool ersann – bei weitem nicht.

Vorläufer der Multitools

Deutlich älter als Leatherman & Co. ist ein Mechanikertool mit Kombizangen-Kopf, das die Bezeichnung „E. Behrman L'Électric“ trägt. Dieses robuste Zangenmesser besteht aus nicht-rostfreiem Kohlenstoffstahl und wurde in Frankreich gefertigt. Viel ist darüber nicht bekannt, es soll jedoch zwischen dem Ersten und dem Zweiten Weltkrieg bei Elektrikern in Paris in Benutzung gewesen sein. Ursprünglich war das Multifunktionswerkzeug mit drei Werkzeugklingen ausgestattet: einer 68 Millimeter langen und 2,2 Millimeter starken Klinge, einem Schraubendreher mit Kabelmantelschneider und vermutlich einer Metallfeile (diese Klinge ist jedoch bei dem abgebildeten Exemplar abgebrochen). Sie werden jeweils über eine eigene, straffe Rückenfeder in Position gehalten.

Der Zangenkopf mit Drahtschneider ist drei Zentimeter lang. Eine Hälfte des Kopfes ist ein integraler Teil der unteren Außenplatine und damit unbeweglich. Eine Schraube mit Mutter bildet das aufgelegte Gelenk und verbindet die eine Kopfhälfte mit der beweglichen zweiten Hälfte, die in einen Zangenschenkel übergeht. Dieser Zangenschenkel liegt bei aufeinanderliegenden Greifflächen seitlich am Griff auf und kann über einen Bügel zuverlässig arretiert werden. Das französische Multifunktionswerkzeug ist 135 Millimeter lang, wiegt gute 190 Gramm und ist auch nach all den Jahren noch absolut brauchbar. Ein tolles Stück.

Eines der seltensten Messer mit Zangenfunktion ist das Modell PLI-R-NIF, das von Christian Heilrath (aus Sacramento, Kalifor-

Das Heilrath PLI-R-NIF war eines der ersten Multitools der Welt. Patentiert wurde es bereits 1905.

Das „Personal Survival Tool" (hier die 2. Generation) brachte Tim Leatherman den Durchbruch.

Foto: Leatherman

Das „E. Behrman L'Électric" wurde in Frankreich gefertigt und zwischen dem Ersten und Zweiten Weltkrieg vor allem von Elektrikern genutzt.

Das „Super Tool 300“ von Leatherman gehört zu den schwersten und kräftigsten Werkzeugen auf dem Markt. Diese brünierte EOD-Variante hat Spezialwerkzeuge für militärische Sprengmeister.

Foto: Leatherman

Das Leatherman „Crunch“ besitzt eine wirksame Gripzange, das SOG „Powerlock“ eine Zahnradübersetzung. Das „SwissTool Spirit“ ist besonders ergonomisch geformt.

nien) am 23. Mai 1905 patentiert wurde. Der Mechanismus des Heilrath-Tools ist total simpel: Im Grunde besteht das Werkzeugmesser aus vier Platinen. Zwei davon bilden jeweils eine Einheit und den Rahmen für eine Werkzeugklinge.

Die oberen beiden Platinen beherbergen am unteren Ende eine Universalklinge mit 61 Millimeter Länge und maximal 2,4 Millimeter Stärke. Diese Klinge arretiert nicht, sondern wird im ein- und ausgeklappten Zustand durch eine stramme Rückenfeder in Position gehalten. Als zweites Werkzeug besitzt das PLI-R-NIF einen Schlitzschraubendreher, manche Modelle verfügen auch über eine Ahle. Diese Werkzeuge befinden sich zwischen den unteren beiden Platinen. Die beiden Rückenfedern reichen nach oben jeweils 2,5 Zentimeter über die Platinen heraus und sind zu Zangenkopf-Hälften geformt. Ein 4,7 Millimeter starker Niet bildet die Zangenachse und verbindet die Tool-Elemente. Mit einer Gesamtlänge von elf Zentimetern und einem Gewicht von nur 76 Gramm ist das Heilrath-Tool ein leichter Helfer für viele Fälle – und inzwischen ein begehrtes Sammlerstück.

Moderne Multitools

Zangen-Multitools wurden und werden von Firmen wie SOG, Gerber, Buck, Victorinox und Kershaw produziert. Die US-Firma SOG Specialty Knives and Tools, die 1986 gegründet wurde, brachte 1990 ihr erstes Multitool auf den Markt. Das sogenannte „Tool Clip" ähnelt mit seiner Form und der Konstruktion mit außen liegendem Zangenkopf dem altem französischen „L'Electric"-Werkzeug. Es wurde viele Jahre (auch in einer kleineren Version) in Seki gefertigt, Japans Klingenstadt Nummer eins. Leider wurde die Produktion eingestellt. 1995 führte SOG-Chefdenker Spencer Frazer das „Compound Leverage"-System ein: eine Zahnradübersetzung für eine verbesserte Kraftübertragung der Zangenschenkel.

1992 trat Gerber Legendary Blades mit dem ersten Tool auf. Das „Multi-Plier" war für die damalige Zeit ein gutes Tool mit einklappbarem Zangenkopf. In den Griffhälften waren mehrere Klingen und Schraubendreher untergebracht. Über eine Arretierung verfügte das erste Gerber-Multitool nicht. Sie wurde erst einige Jahre später eingeführt und das Werkzeug gleichzeitig in „Multi-Lock Tool" umbenannt. Später hießen die Tools dieser Reihe wieder „Multi-Plier" – und verfügen auch über eine Werkzeugarretierung, wie sie mittlerweile üblich ist.

Die Schweizer Firma Victorinox hat schon seit der Gründung im Jahre 1891 multifunktionale Taschenwerkzeuge im Programm. Den Anfang machte das Schweizer Soldatenmesser. Bis die Firma ein Zangen-Multitool ins Programm nahm, dauerte es allerdings schlappe 106 Jahre. Doch als 1997 das „SwissTool" vorgestellt wurde, war die Begeisterung groß: Was das schwere Multitool auszeichnet, sind die solide Verarbeitung, die Arretierung aller Werkzeugklingen sowie die Zugänglichkeit aller Werkzeuge bei eingeklapptem Zangenkopf. Noch immer gehört das „SwissTool" zu den besten Multitools auf dem Markt.

Das Victorinox „SwissTool Spirit" ist der kleinere Bruder des „SwissTool". Im Vergleich zu diesem sind die einzelnen Werkzeuge etwas kürzer, aber nichtsdestotrotz sehr robust und belastbar. Aufgrund der geschwungenen Griffhälften besitzt das „Spirit" eine hervorragende Ergnonomie. Mit diesem Stück Schweizer Präzisionsarbeit ist man in Alltag, Beruf und in der Natur auf der sicheren Seite. Mit der hartverchromten Metallfeile kann man sogar Bügelschlösser „knacken". Und die Schneideinsätze der Kombizange machen auch mit Stacheldraht kurzen Prozess.

Kapitelzusammenfassung

Das Multitool, wie wir es heute kennen, ist Tim Leathermans Autopannen während einer Europareise in den 1970ern zu verdanken. Danke an dieser Stelle an die Firma Fiat! Seitdem steht Leatherman für Multifunktionalität im Hosentaschenformat.

Doch Leatherman war nicht der erste, der ein multifunktionales Zangen-Werkzeug erfand. Schon um 1900 herum gab es mit dem „Military Wire Cutter Knife" ein ähnliches Werkzeug. Zu den bedeutendsten modernen Herstellern gehören neben Leatherman auch SOG, Gerber, Buck, Kershaw und vor allem Victorinox.

Wissenswertes

Multitools: In geheimer Mission

Leatherman war nicht der erste, der ein Zangen-Multitool zur Marktreife brachte. Deutlich älter als Leatherman & Co. ist das „Military Wire Cutter Knife" von Joseph Rodgers & Sons aus dem englischen Sheffield, das bereits im Jahr 1900 patentiert und bis nach dem Ersten Weltkrieg gefertigt wurde. Es besitzt einen oberhalb des Griffs liegenden Seitenschneider und zwei Klingen. Auch im Zweiten Weltkrieg kam dieses stabile Zangen-Multitool zum Einsatz, allerdings in veränderter Form. Das „SOE/OSS Escape Knife" beherbergte im Metallgriff zusätzlich zur Klinge drei Sägeblätter und einen Dosenöffner und am Griffende einen Schraubendreher. „SOE" steht für Special Operations Executive, eine britische Nachrichtendienst-Spezialeinheit. OSS ist die Kurzform des US-amerikanischen Amts für strategische Dienste (Office of Strategic Services). Der Fluchthelfer ist also Top Secret.

Foto: Bernard Levine

Alte Schule: Früher blieb einem nichts anderes übrig, als die Werkzeuge einzeln mitzuführen.

Beim „SwissTool Spirit" (oben) ist die Feile mit unterschiedlichen Hiebflächen und einer Metallsäge ausgestattet. Das Leatherman „Super Tool 300" nimmt Stichsägeblätter auf.

MARTOR
CLEVERCUT II
No. 474
SOLINGEN
GERMANY
Maggi
MARTOR - SIMPEL

Die Spezialisten

Die meisten Hobby-Messernutzer schätzen an ihren Schneidwerkzeugen, dass sie für eine Vielzahl von Aufgaben geeignet sind. Bei professionellen Anwendern, die sich mit immer wiederkehrenden, speziellen Schneidaufgaben konfrontiert sehen, sieht das anders aus: Wer den ganzen Tag Folien oder Kartonagen schneidet, macht es sich mit einem Outdoormesser nur unnötig schwer.

Im beruflichen Einsatz ist es sinnvoll, Schneidwerkzeuge zu verwenden, die gezielt auf einen Zweck ausgerichtet sind. Das ist die Domände der Spezialmesser. Hier eine Auswahl an weit verbreiteten, spannenden und besonders ungewöhnlichen Modellen.

Landwirtschaftlich genutzte Messer

Nach der Jäger- und Sammlerepoche kam die Sesshaftigkeit – und mit ihr der Ackerbau. Hacke, Pflug und Sense gehören zu den essenziellen Werkzeugen dafür. Sie haben zwar Schneiden, gehören aber dennoch nicht zu den Messern.

Doch es gibt mehrere landwirtschaftlich genutzte Messer, die bei der Ernte und beim Zuschnitt und Veredeln von Pflanzen verwendet wurden und werden. Dazu gehören Sicheln genauso wie Salatmesser, Okuliermesser und Hippen.

Sicheln

Sicheln kommen schon in der Bronzezeit vor und wurden dort zum Schneiden von Gräsern und Wildgetreide verwendet. Ihr typisches Merkmal ist über die Jahrhunderte gleich geblieben: eine sich nach vorn verjüngende, konkav gekrümmte Klinge mit einem Handgriff. Von der Sense unterscheidet sie sich durch die insgesamt kleinere Klinge und den kürzeren Griff.

Hepen

Hepen sind Schneid- und Hiebwerkzeuge der Bauern und Winzer und meist ebenfalls sichelartig gekrümmt. Sie dienen als Universalwerkzeug zum Schneiden, Hacken und Abschlagen. Ihre typische Grundform besteht aus einem Griff, aus dem eine breite Klinge gerade heraustritt. Erst im letzten Drittel krümmt sich die Schneide, während der Rücken bogenförmig bis zur Spitze abfällt. Diese ähnelt dadurch einem Raubvogelschnabel. Als kleine Variante davon ist die klappbare und für ziehende Schnitte eingesetzte Hippe weit verbreitet bei Hobbygärtnern und professionellen Anwendern in Baumschulen und Obstplantagen.

Salatmesser

Zum Ernten von Salatköpfen werden Salatmesser eingesetzt. Zu diesem Zweck ist ihre Klinge seitlich vom Griff abgewinkelt. Das

Der seitlich versetzt angeordnete Griff des Salaterntemessers ermöglicht den schneidenden Einsatz direkt über der Erde.

schafft die nötige Handfreiheit, um die Salatköpfe dicht über der Erde abzuschneiden.

Gärtnermesser

Pflanzen wie Obstbäume oder Rosen werden zugeschnitten und veredelt, damit sie gut und ertragreich gedeihen. Durch das Veredeln überträgt man die gewünschten Eigenschaften einer Mutterpflanze auf einen anderen Pflanzenteil, die sogenannte Obstunterlage.

Zwei Pflanzen werden also durch bestimmte Techniken verbunden. So kann aus einem Apfelbaum, der gut mit den Bodenbeschaffenheiten zurecht kommt, aber saure und kleine Äpfel trägt, ein Baum werden, der immer noch fest und gut verwurzelt ist, dessen Äpfel aber auch richtig gut schmecken.

Da bei dieser Arbeit jeden Tag oft Hunderte von kontrollierten und sauberen Schnitten geführt werden müssen, ist ein gutes Messer unabdingbar. Denn nur ein sauberer Schnitt ist pflanzenschonend und zweckmäßig. Ein Chirurg arbeitet ja auch nur mit den schärfsten Klingen. Deshalb werden vor allem feinkörnige Stähle verwendet, häufig aus nicht rostfreien Legierungen. Der Schneidenwinkel ist dabei möglichst klein, damit die Klinge so scharf wie nötig wird. Der Griff muss bei der Arbeit auch auf Dauer sicher und komfortabel in der Hand liegen.

Hippen

Schwunghippen sind relativ lang und besitzen eine schwere, stark gekrümmte Klinge. Muss stark zurückgeschnitten werden („auf Zapfen schneiden"), sind sie das Mittel der Wahl. Die Form des Griffs mit dem stark nach oben gezogenen Ende ist durch die Klingenform bedingt. Dadurch liegt die Hippe beim ziehenden Schnitt, für den sie gemacht ist, sicher in der Hand. Die normale Hippe wird zum Zurückschneiden, zum Versorgen der Wundränder, zum Entfernen von Baumkrebs und zum „Ausräubern", dem Abschneiden der senkrecht nach oben wachsenden Wassertriebe, verwendet. Auch zur Ernte im Kräutergarten ist sie gut geeignet. Kopulierhippen sind nur leicht gekrümmt und haben eine schmalere Klinge.

Kopulier- und Okuliermesser

Zum Veredeln mancher Pflanzen sind gerade Okulierklingen besser geeignet. Auch Blumenmesser für Floristen sind häufig mit einer geraden Schaffußklinge ausgestattet.

Okuliermesser besitzen entweder einen besonders geformten – hervorstehenden und ausgedünnten – Klingenrückenbereich oder eine weitere Werkzeugklinge aus Messing oder Horn. Diese dienen zum schonenden Anheben der Rinde während des Okulierens, einer weiteren Veredelungstechnik.

Rasiermesser-Formen und -Schliffarten

Die Vielfalt der Schliffarten und Klingenformen bei Rasiermessern hat in den letzten Jahrzehnten nachgelassen. Kennt die sogenannte Henkelskala noch 14 Abstufungen des Hohlschliffs, spricht man heute vor allem von fünf: derb, halb-, dreiviertel- und vollhohl, seltener auch von extrahohl.

Beim derben Schliff hat die Klinge annähernd eine Keilform, beim voll- und extrahohlen Schliff setzt eine entsprechend stark ausgeführte Hohlung bereits knapp unter dem Rücken an, wodurch große Teile der Klinge sehr dünn werden.

Je hohler die Klinge, desto flexibler ist sie, und desto mehr Rückmeldung erhält man auch während des Rasierens – sowohl taktil als auch akustisch. Das Messer „singt", sagen die Connoisseure dann. Die Schneide selbst muss schliffübergreifend im wahrsten Sinne des Wortes immer rasiermesserscharf sein.

Ein hohl geschliffenes Rasiermesser nach traditioneller Solinger Art wird nicht in einem Zug auf Null geschliffen, sondern verfügt über zwei aneinander anschließende, unterschiedlich stark ausgeprägte Hohlungen. Im Übergangsbereich der beiden Hohlschliffe entsteht der „Wall": Das ist eine leichte Verstärkung der Klinge über ihre gesamte Länge hinweg. Er gibt der schneidenden Facette den nötigen Halt und macht es möglich, dass ein Messer über viele Jahre hinweg immer wieder dünn geschliffen werden kann. Die Facette selbst muss so dünn sein, dass sie sich auf einem Nagel durchbiegt, wenn man sie seitlich auflegt (die sprichwörtliche „Nagelprobe").

Die Breite der Klinge wird in Schritten von 1/8-Zoll angegeben. Typische Breiten liegen zwischen 3/8" und 7/8". Rasiermesser der zuletzt genannten Breite werden gerne schon mal als „Schwert" bezeichnet. Je schmaler die Klinge, desto weniger verdeckt sie optisch vom Gesicht, was beim Bearbeiten von Konturen oft als hilfreich empfunden wird. Halb- bis ganzhohle Messer in den Breiten 4/8" und 5/8" gelten als Allrounder.

Beim Abschluss unterscheidet man zwischen Rund-, Grad-, französischem oder spanischem Kopf. Der kantige Gradkopf verlangt besondere Vorsicht, da man sich damit leichter schneiden kann. Dafür kann man mit dieser Kopfform die Konturen besonders exakt rasieren.

Stahl für Rasiermesser

Als „Rasiermesser mit Normalstahl" bezeichnet man ein Messer mit einer nichtrostfreien Klinge. Eine beliebte Stahllegierung ist der verschleißfeste und dennoch feinkörnige 1.2210, der als „Silberstahl" bekannt ist. Der Begriff stammt aus dem Werkzeugbau und bezeichnet dort blank gezogenes Material mit hohem Kohlenstoffanteil. Der Name hat also nichts mit Silber zu tun, sondern nur mit der blanken Oberfläche des gezogenen Stahls.

Anstelle von Silber enthält 1.2210 rund 1,2 Prozent Kohlenstoff und etwa 0,7 Prozent Chrom, der die Veschleißfestigkeit erhöht. Der Silberstahl wird auf 59 bis 62 HRC gehärtet.

Doch auch der rostbeständige Solinger „Standardstahl" 1.4034 oder seine Variante

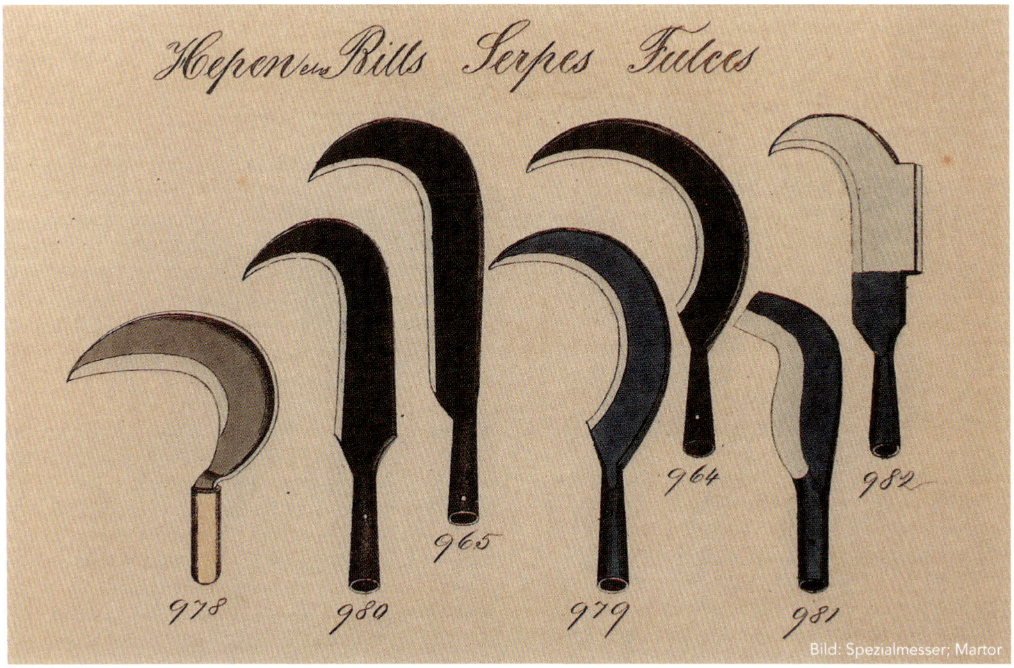

Bild: Spezialmesser; Martor

Die Modelle 980 und 965 zeigen die klassische Hepen-Form mit breitem Blatt und im letzten Drittel gekrümmter Spitze. Der Auszug stammt aus einem Musterbuch der Firma Wolff (um 1850).

Frische Farbe ins Spiel bringt Victorinox mit konstruktiv starken und gut geschärften Floristen-Messern.
Foto: Victorinox

Die Hippe (hier von Tina) wird vielseitig eingesetzt: zum „Ausräubern“, Glätten von Wundrändern und mehr.

Das Sattlerhandmesser ist ein vielseitiges Messer für lederverarbeitende Handwerker.

Mit kurzen Klingen lässt sich kraftvoll-kontrolliert arbeiten. Bei diesem Schuhmachermesser von Tina ist sie verlängerbar.

Ein feststehendes Linoleummesser mit zweitem Schneidenbereich am Rücken.

Schnitzmesser haben meist kurze, je nach Verwendungszweck geformte Klingen. Ganz oben ein Splint- oder Hakenmesser zum Aushöhlen.

Ledermesser

Leder war einer der frühesten Werkstoffe der Menschheit. Heute wie damals wird es aus den Häuten und Fellen von Tieren hergestellt. Die Handwerksberufe dazu heißen Gerber und Lederbereiter. Ledermesser wurden und werden aber auch von Schuhmachern und Sattlern benutzt.

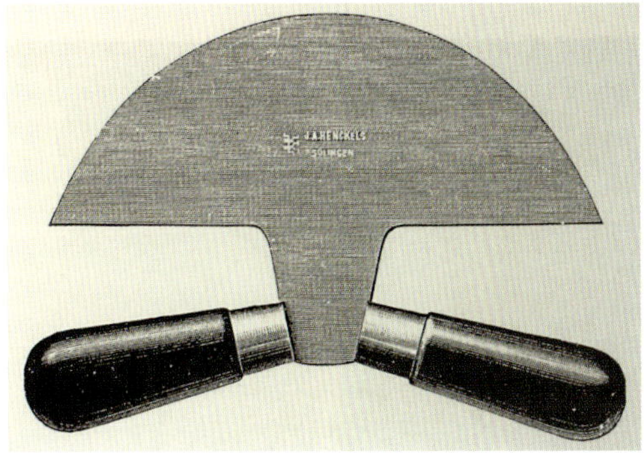

Bild: Spezialmesser; Martor

Das Halbmondmesser (hier mit Doppelgriff, ca. 1905) ist entlang der gesamten Wölbung geschärft.

Halbmondmesser

Das häufigste Spezialmesser der lederverarbeitenden Handwerker ist halbkreis- oder auch halbmondförmig. Die Schneide befindet sich entlang der gesamten Krümmung. Das Halbmondmesser wird zum Beschneiden und Zerteilen der fertigen Häute eingesetzt. Dabei führt der Lederarbeiter das Messer von sich weg.

Sattler-Spitzmesser

Bei der Tätigkeit des Sattlers geht es darum, vor allem aus Leder Hilfsmittel für den Umgang mit Tieren herzustellen: Zaumzeug, Riemen, Gurte und Sattel. Dazu wird allerhand unterschiedliches Handwerkzeug benötigt, unter anderem dieses spitz, nahezu dreieckig zulaufende Messer mit konvexer Schneide.

Sattler-Handmesser

Beim Zuschneiden von Werkstücken aus der Lederhaut kommen die unterschiedlichsten Messer zur Verwendung: Halb- und Viertelmonde sowie Handmesser mit verschieden geformten Klingen. Die Aufgabe der Handmesser ist es vor allem „schnell zur Hand zu sein“. Sie sind für alle möglichen Arbeiten geeignet.

Schuhmachermesser

Typisch für dieses Werkzeug ist die rückenspitze, leicht bauchige Klinge. Die Klingenlänge kann beim links abgebildeten Modell eingestellt werden. Dazu klappt man eine fünffach gerasterte Metallplatine an der linken Griffseite aus, die in ein seitlich, ganz am Ende der Klinge positioniertes Element greift.

Leder- und Linoleummesser

Messer mit sichelförmiger Klinge werden auch für den ziehenden Zuschnitt von Leder oder Linoleumbahnen verwendet. Die scharf zulaufende Spitze und die nach innen gekrümmte Schneide können kontrolliert und effektiv eingesetzt werden. Am Rücken des abgebildeten Modells befindet sich zusätzlich eine hakenförmige, hohl geschliffene Schneide.

Schnitzmesser

Beim Schnitzen formt man ein Stück Holz mit der scharfen Klinge. Kurze Klingen lassen sich besonders kraftvoll und doch kontrolliert verwenden. Wichtig ist eine gute Handlage. Für Holzskulpturen werden vor allem Stecheisen und Stechbeitel eingesetzt. Dabei handelt es sich nicht um Messer im eigentlichen Sinn.

Schnitz- und Kerbschnitzmesser

Beim Kerbschnitzen zeichnet man Muster auf das Holz und sticht beziehungsweise schneidet diese anschließend mit einem scharfen Kerbschnitzmesser aus. Dazu benötigt man eine präzise geschliffene und zumeist auch sehr kurze Klinge.

Stemmeisenmesser

Stemmeisen-Messer sind speziell an die Bedürfnisse von (Holz-)Handwerkern angepasst und werden für grobe Arbeiten wie Schnitzen, Stemmen und „Meißeln" verwendet. Messer dieser Art verfügen über zwei Schneiden-Bereiche: eine gerade Hauptschneide und eine scharf geschliffene Meißel-Spitze. Häufig sind diese Messer so stabil, dass sie mit einem Klöppel ins Holz getrieben werden können.

Buchbinder-Messer

Bei der handwerklichen Fertigung von Büchern und der Restaurierung von alten und zum Teil wertvollen Büchern und Broschüren benötigt man eine scharfe Klinge.

Buchbindermesser

Buchbindermesser sind so konstruiert, dass man damit alle Arten von Papier akkurat schneiden kann. Die nach dem Bindevorgang noch zusammenhängenden Buchseiten müssen sich sauber trennen lassen. Dazu benötigt man eine fein ausgeschliffene Klinge und einen gut handhabbaren Griff.

Schärfmesser

Schärfmesser werden für Schärf-, also Ausdünnarbeiten an Leder eingesetzt. Sie kommen aber auch an Pergament und Papier zur Verwendung, wenn deren Kanten fein verlaufend ausgedünnt werden müssen.

Wechselklingenmesser

Die Handwerksmesser der Vergangenheit waren oft so solide und zweckmäßig, dass sie ein ganzes Arbeitsleben oder zumindest viele Jahre lang genutzt werden konnten. Natürlich mussten sie gepflegt und nachgeschliffen werden.

Doch mit einer veränderten Arbeitswelt, wie sie sich vor allem nach dem Zweiten Weltkrieg entwickelte, traten andere Bedürfnisse in den Vordergrund: Die Schneidaufgaben in den industriellen Betrieben waren vielfältiger als zuvor. Zeit für aufwändige Pflegearbeiten blieb nicht mehr. Deshalb setzten immer mehr

Ein sehr stabiles Stemmeisenmesser von Hultafors.

Foto: Hultafors

Das Buchbindermesser von Victorinox aus der Schweiz ist sehr fein ausgeschliffen: Direkt über der Schneidfase ist es nur 0,25 Millimeter stark.

Martor hat sich mit Handwerker- und Sicherheitsmessern einen exzellenten Ruf erarbeitet. Oben ein Entgrate- und Grafikermesser für feine Schnitte.

Hersteller auf Spezialmesser, die nach dem „Gilette-Rasierklingen-Prinzip" konstruiert waren.

Die Klingen dieser Modelle bestehen aus kostengünstigem Bandstahl in Stärken von selten über 2,2 Millimetern und werden, sobald sie zu stumpf für ihr Aufgabengebiet sind, einfach entsorgt und gegen eine neue Klinge ausgetauscht. Möglich wurde das auch durch die Entwicklung von Arretierungssystemen, die verlässlich sowie schnell und komfortabel zu bedienen sind.

Sicherheitsmesser

Bei den frühen Wechselklingenmessern ragten die Klingen mit ihren scharfen Schneiden, Ecken und Kanten oft dauerhaft aus dem Griff heraus. Wer nicht aufpasste, konnte sich schnell verletzen. Daher entwickelte man spezielle Sicherheitsmesser. In diesem Bereich hat sich das Solinger Unternehmen Martor mit seinen Modellreihen „Secumax", „Secupro" und „Secunorm" einen besonderen Namen gemacht.

Richtig sicher wird ein Messer nur, wenn die Klinge automatisch wieder im Griff verschwindet, wenn sie nicht in aktiver Benutzung ist. Um das zu erreichen, sind die Klingen bei Martor federbelastet, können also nur gegen die Kraft einer Feder aus dem Griff geschoben werden. Sie arretieren auch nicht: Sobald der „Vorwärtsschub" endet, gleitet die Klinge komplett in den Griff zurück. Bei einem vollautomatischen Rückzug (einer weiteren Variante) wird die Klinge schon in den Griff zurückgezogen, sobald der Schneiddruck auf die Unterlage nachlässt – also auch dann, wenn man versehentlich abrutscht.

Abbrechklingenmesser

Als Erfinder des Abbrechmessers gilt der Japaner Yoshido Okada. Mit seinem Unternehmen Olfa hat er das Abbrechklingensystem in der heute bekannten Weise entwickelt und populär gemacht.

Allerdings findet sich bereits in einem Solinger Musterbuch von J. A. Henckels Zwillingswerk des Jahres 1887 ein Messer zu 4 1/4 und 5 3/4 Zoll, das als „Abbrechmesser" bezeichnet wird. Die fest im Griff stehende Klinge ist mit schräg verlaufenden Sollbruchstellen versehen.

Eine mit Sollbruchstellen versehene Klinge – nun allerdings in einem Griff untergebracht und herausschiebbar – bildet immer noch die Basis aller moderner Abbrechklingenmesser, wie sie von Olfa, Stanley oder dem deutschen Unternehmen Martor gefertigt werden.

Kapitelzusammenfassung

Spezielle Aufgaben verlangen spezielle Werkzeuge – dieser Grundsatz macht auch vor Messern keinen Halt. Die Welt der Spezialmesser ist vielseitig und reicht von den landwirtschaftlich genutzten Sicheln und Hippen über Leder- und Schnitzmesser bis hin zum chirurgischen Skalpell.

Speziell im industriellen Einsatz, wo oft im Akkord gearbeitet wird, kommt dem Sicherheitsaspekt der Spezialmesser eine besonders große Bedeutung zu: Zur Vermeidung von Unfällen setzt man hier gern Messer mit verdeckt liegenden Klingen ein, oder solche, deren Klingen nach der Benutzung wieder automatisch im Griff verschwinden.

Olfa aus Japan hat das Abbrechklingenmesser populär gemacht. Darunter Kiridashi-Messer.

Wissenswertes

Das Skalpell: Wenige Schnitte

Viele halten das Skalpell für das wichtigste Werkzeug der Chirurgen. Weitaus häufiger gebraucht werden jedoch Sägen, Zangen, Pinzetten oder Klemmen. Das Skalpell kommt vor allem bei der Eröffnung einer Operation zum Einsatz, dem sogenannten Hautschnitt, sowie beim Durchtrennen von Gewebe. Da die hochfeinen Schneiden schnell an der erforderlichen Schärfe verlieren, werden Skalpelle oft nach wenigen Schnitten ausgetauscht. Die Verwendung von Einmalklingen hat sich daher in der Praxis durchgesetzt.

Auch bei Handschneidearbeiten in der Grafik oder dem Modellbau, die höchste Präzision erfordern, werden Skalpelle verwendet. Chemiker nutzen Skalpelle zum Teil bei der Kristallstrukturbestimmung zum Zuschneiden oder Entfernen störender Bereiche.

Bild: Wikipedia

FANTONI
04/25

Gut in der Hand

Um ein Messer richtig verwenden zu können, braucht es einen vernünftigen Griff. Grundsätzlich ist dafür jedes Material geeignet, das sich angenehm in der Hand anfühlt, möglichst griffig und ausreichend stabil ist. Manchmal steht jedoch auch die Optik im Vordergrund. Hier eine Übersicht der wichtigsten Materialien für Messergriffe.

ABS

Dieser Kunststoff (Acrylnitril-Butadien-Styrol-Copolymer) ist thermoplastisch, er lässt sich also in einem gewissen Temperaturfenster formen. Er weist eine hohe Schlag- und Hitzefestigkeit auf und ist spülmaschinenfest.

Aluminium

Aluminium ist ein leichtes Metall, das zugleich sehr fest ist. Deshalb wird es gern für die Herstellung von Messergriffen, insbesondere bei Klappmessern, verwendet. Durch Eloxieren lässt sich die Aluminiumoberfläche mit einer Schutzschicht in beliebiger Farbe versehen. Eine häufig verwendete Aluminiumlegierung trägt das Kürzel 6061 (entspricht der ISO Norm AlMg1SiCu) und wird auch als Flugzeug-Aluminium bezeichnet.

Anticorodal

Diese Aluminium-Silizium-Legierung kann in Form gegossen werden. Sie wird vom italie-

Der spanische Hersteller Pallarès Solsona stattet die Messer in seiner preiswertesten Navaja-Serie mit ABS-Schalen aus. Beim abgebildeten „Navaja Comun" besteht der Griff aus einem Stück.

Zahlreiche Modelle des Schweizer Herstellers Victorinox sind mit Aluminium-Schalen ausgestattet: Hier drei Modelle aus der „Alox Limited Edition 2016" in Orchideen-Violett.

Foto: Victorinox

Die italienische Firma Extrema Ratio nutzt die Aluminium-Legierung Anticorodal.
Foto: Extrema Ratio

Geringes Gewicht bei hoher Steifigkeit und Festigkeit kennzeichnet Carbonfasermaterial: Hier ein Modell von Klötzli aus der Schweiz.
Foto: Klötzli

Delrin wird nicht nur geglättet verwendet, wie hier beim H20 von Great Eastern Cutlery. Früher ahmte man damit auch Hirschhorn nach.
Foto: GEC

Bei diesem Klappmesser von R. B. Johnson geht es edel zu: Griff aus Mammutelfenbein, Backen aus Mosaikdamast.
Foto: R. B. Johnson

nischen Messerhersteller Extrema Ratio für Griffe verwendet.

Carbonfaser

Griffe aus Carbon- oder Kohlenstofffasern zeichnen sich durch geringes Gewicht aus, eine hohe Steifigkeit und Festigkeit sowie durch einen technisch-coolen Look. Zur Herstellung dienen unter anderem hoch kohlenstoffhaltige Ausgangsmaterialien, die in einem komplexen Verfahren zu Kohlenstofffasern werden. Für Carbon-Messergriffe wird üblicherweise ein Verbundwerkstoff benutzt, bei dem Matten aus Kohlenstofffasern in eine Masse aus Epoxidharz eingebunden werden.

Delrin

Dieser thermoplastische Kunststoff besitzt eine hohe Abriebfestigkeit, Durchschlagfestigkeit und Ermüdungsfestigkeit bei wechselnder Beanspruchung.

Elfenbein und fossile Materialien

Die „Convention on International Trade in Endangered Species of Wild Fauna and Flora" (kurz CITES, Übereinkommen über den internationalen Handel mit gefährdeten Arten freilebender Tiere und Pflanzen) soll den Handel mit Tieren und Pflanzen (und deren Bestandteilen) regulieren, die vom Aussterben bedroht sind. Innerhalb der EU dürfen zum Beispiel nur noch registrierte Elfenbein-Altbestände mit Herkunftsnachweis (sogenannte CITES- oder EU-Bescheinigung) verarbeitet werden. Das gilt auch für Teile und Produkte vom Narwal, Walross, Eisbär und viele weiteren Tiere und Holzarten wie Palisander.

Man sollte deshalb solche Produkte nur bei seriösen Händlern kaufen. Es gab schon Fälle, in denen geschützte Materialien mit gefälschten Bescheinigungen verkauft und gutgläubig erworben wurden.

Der Handel mit den Knochen und Zähnen ausgestorbener Urzeittiere ist jedoch nicht von den CITES-Vereinbarungen betroffen. Immer wieder tauchen in den Dauerfrostböden Nordsibiriens gut erhaltene Mammutskelette mitsamt Stoß- und Backenzähnen auf. Diese Materialien müssen vor der Verarbeitung in der Regel stabilisiert werden, ergeben dann aber besonders edle Messergriffe.

Fiber

Fiber wird typischerweise nicht als alleiniges Griffmaterial eingesetzt, sondern meist als dünne Lage zwischen Metall und dem eigentlichen Griffmaterial. „Vulkanfiber" ist ein seit 1855 bekanntes Verbundmaterial auf Papierbasis (eventuell auch mit Baumwollanteil) und in verschiedenen Farben erhältlich. Der hornartige Werkstoff wird unter anderem zur elektrischen Isolierung genutzt.

Eine Lage Vulkanfiber zwischen Stahl und Griff ist eine dezente Art, einem Messer mehr Klasse zu geben. Hier beim TOPS „Fieldcraft".

Der Griff des Parang-Haumessers von Fox Knives aus Italien muss besonders gut in der Hand liegen. Forprene ist hier eine gute Wahl.

Foto: Fox Knives

Der Schlüssel für Haltbarkeit liegt bei FRN in der Verstärkung mit Fiberglas. Spyderco verwendet das Material häufig.

Foto: Spyderco

Das Kunststoffmaterial Grivory ist gut formbar und kann beliebig gefärbt werden. Beim super kompakten „Mini Tuff Lite" von Cold Steel hält es auch das Gesamtgewicht niedrig.

Foto: Cold Steel

Griffschalen aus G-10 sind eine exzellente Wahl, wenn es auf geringes Gewicht, Stabilität und Griffigkeit ankommt.

Forprene

Dieser thermoplastische Kunststoff verfügt über Polymeranteile und wirkt gummiartig.

FRN

Dieses harte Kunststoff-Verbundmaterial ist leicht und belastbar. Die englische Abkürzung steht für Fiberglass Reinforced Nylon, also glasfaserverstärktes Nylon.

G-10

G-10 ist ein Verbundwerkstoff, der aus Glasfasern und Kunstharz aufgebaut ist. Besonders bei Messern, die starken Strapazen und wechselnden Umwelteinflüssen ausgesetzt sind, ist das Material aufgrund seiner hohen Stabilität sehr beliebt.

Zur Herstellung von G-10 wird Glasfasergewebe (die einzelnen Fasern werden aus geschmolzenem Glas gewonnen) in eine Epoxid-Kunstharzmasse gegeben, mit dieser geformt und anschließend gehärtet. Der daraus resultierende Faser-Kunststoff-Verbund verdankt seine Festigkeit und Widerstandsfähigkeit den Glasfasern, während das geringe Gewicht auf das Epoxidharz zurückzuführen ist. Die Oberfläche des G-10-Materials kann aufgeraut oder gefräst werden.

Grivory

Ein thermoplastischer Kunststoff auf PPA-Basis (Polyphthalamid). Er ist hochtemperaturfest und dient in der Industrie auch als Metallersatz bei Zahnrädern und Getrieben. Er wird unter anderem von Cold Steel und Benchmade verwendet.

Holz

Nahezu jede Holzart ist als Messergriffmaterial geeignet: An Messern findet man Schalen aus relativ weichen heimischen Hölzern wie Birne oder Pflaume genauso wie das

Holz ist nach wie vor eines der schönsten Griffmaterialien. Beim finnischen Ahti „Vaara" wird gebeizte Maserbirke verwendet.

versteinert wirkende und enorm harte Holz des Wüsteneisenbaums aus der Wüste Arizonas oder das kaum weniger harte, bei Drechslern sehr beliebte Holz des Buchsbaums.

Je nach Art des Gewächses verwendet man das Holz von Ästen, Stämmen, Wurzeln oder Stammwucherungen. Gerade letzteres ist meist besonders aufregend gezeichnet. Bei nordischen Messern wird sehr gerne das Holz der Maserbirke verwendet, das durch eine spezielle Öl- und Wärmebehandlung besonders stabil wird. Dauerhaft haltbar und unempfindlich gegenüber Umwelteinflüssen wird Holz, wenn man es stabilisiert (mit Kunstharz tränkt und das Harz aushärten lässt).

Horn

Griffschalen aus Widderhorn, Rinder- und Büffelhorn und vor allem aus Hirschhorn gehören zu den Klassikern bei Messergriffen. Bei Widderhorn sorgt die krustige Oberflächenstruktur für eine tolle Optik und ein angenehmes Griffgefühl. Bei Rinder- und Büffelhorn verwendet man vor allem die massiven Hornspitzen, aus denen man Schalen schneiden kann. Diese werden meistens poliert angeboten. Hirschhorn ist das klassische Material für Jagdmesser: Man nutzt meist die äußere Schicht des Geweihs. Das Horn des südasiatischen Sambarhirschs ist besonders dicht und daher sehr beliebt, aber kaum noch erhältlich.

Kraton

Das synthetisch hergestellte Polymer aus Styrol-Ethylen/Butyl-Styrol ist sehr rutschfest und auch bei Kälte oder Nässe angenehm und sicher zu greifen. Das macht es zu einem bevorzugten Griffmaterial für funktionale Jagd- und Outdoormesser.

Knochen

Knochen wurden von jeher von den Menschen als Werkzeug oder als Griff für Werkzeuge und Messer genutzt. Vor allem die Schienbeinknochen von Rindern (heute meistens aus Südamerika) und Giraffenknochen werden zur Beschalung von Messern verwendet. Die Knochen werden ausgekocht und häufig eingefärbt

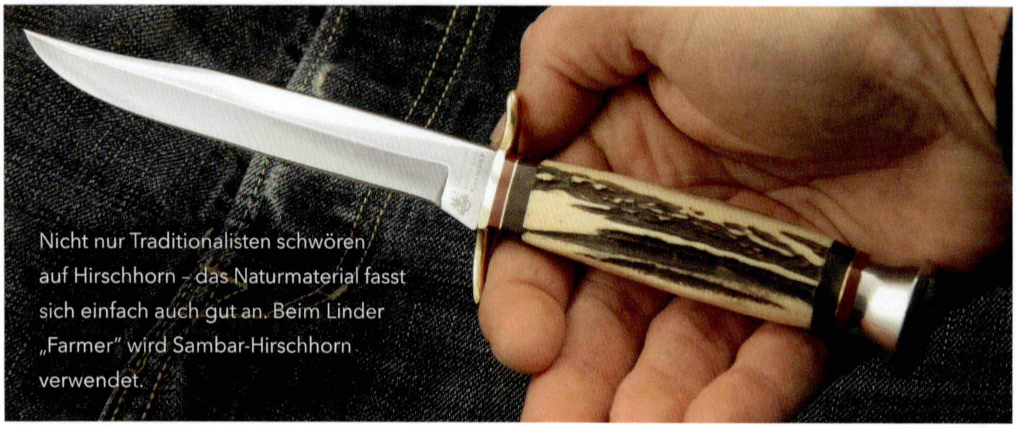

Nicht nur Traditionalisten schwören auf Hirschhorn – das Naturmaterial fasst sich einfach auch gut an. Beim Linder „Farmer" wird Sambar-Hirschhorn verwendet.

Wenn es so rutschfest wie möglich sein muss, setzen Hersteller wie Ontario (hier das Modell „Chimera“) gern auf gummiartiges Kraton.

Die Griffe von Steckangelklingen-Messern wurden und werden häufig aus verleimten und gepressten Lederscheiben hergestellt. Dieses Messer von Othello Anton Wingen Jr. stammt aus den 1940er Jahren.

Um Micarta selber zu machen, benötigt man nur Papier oder Leinen und Kunstharz. Moki beherrscht die Fertigung perfekt. Auch das Messer mit geflammter Knochenbeschalung stammt vom japanischen Hersteller.

Polypropylen ist ein günstig herzustellender Kunststoff. Das originelle Svord „Peasant" mit L6-Stahl-Klinge besitzt einen Griff aus diesem Material in knalligem Gelb.

und mit Fräsmustern (etwa zum Imitieren von Hirschhorn) und Flammmustern verziert. Bei besonders wertvollen Messern werden auch Griffe aus stabilisierten Mammutknochen verwendet.

Leder

Leder ist ein traditionelles Material zur Herstellung von Messergriffen und wird typischerweise für Steckangel-Messer verwendet. Dabei wird zunächst eine stabile Zwinge (meist aus Metall) auf die Angel geschoben und dort verklebt. Es folgen zahlreiche vorgeschnittene Lederscheiben, in die bereits ein Loch für die Angel geschnitten ist. Aus optischen Gründen können Zwischenlagen aus Fiber oder anderen Materialien eingesetzt werden. Die einzelnen Scheiben werden mit Klebstoff versehen und aufgeschoben.

Den Abschluss des Griffs bildet ein fester Knauf, der je nach Art der Angel aufgesetzt, vernietet oder verschraubt wird. Um die Konstruktion während des Aushärtens des Klebstoffs zu stabilisieren, gibt es Spannvorrichtungen. Die endgültige Formgebung des Griffs erfolgt je nach Ausstattung per Bandschleifer, Säge, Raspel, Feile oder Schleifpapier.

Micarta

Faser-Kunststoff-Verbundmaterialien wurden erstmals Anfang des 20. Jahrhunderts mit der Markenbezeichnung Micarta geschützt und vertrieben. Das vielseitig verwendbare Material zeichnet sich unter anderem durch eine geringe elektrische Leitfähigkeit und hohe Festigkeit aus und wird in zahlreichen Industriebereichen und sogar als Bestandteil von Raumfähren genutzt.

Micarta wird aus saugfähigen Materialien hergestellt, die mittels Kunstharz und Druck zu einer festen Platte verbunden werden. Bei Micarta sind Canvas, Leinen, Jeans und Papier besonders gefragt. Micarta ist warm und weich im Griff und fühlt sich sehr natürlich an. Das macht Micarta zu einem der beliebtesten Griffmaterialien für Messer.

Pakkaholz

Bei diesem Schichtholz-Material werden mehrere Lagen Massivholz unter Druck und Temperatur miteinander verbunden. Pakka-Holz ist unempfindlich gegenüber Verzug und Schrumpfung und wird hauptsächlich bei preiswerten Messern als Griffmaterial verwendet.

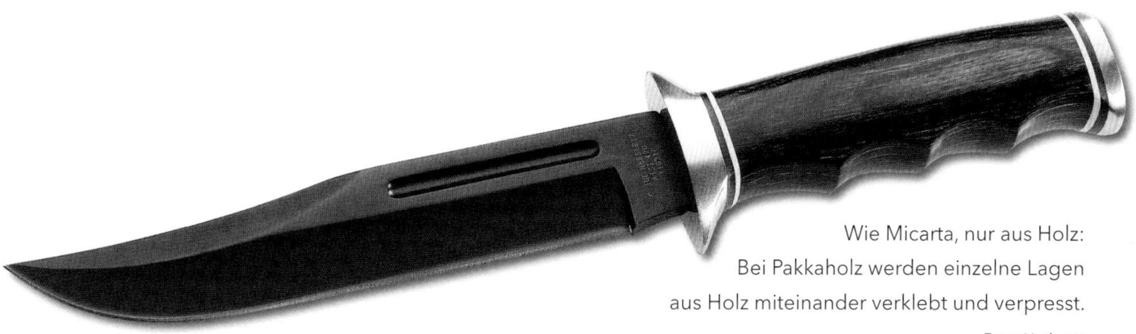

Wie Micarta, nur aus Holz: Bei Pakkaholz werden einzelne Lagen aus Holz miteinander verklebt und verpresst.

Foto: Herbertz

Paracord oder Reepschnur ist eine gute Möglichkeit, die Griffigkeit von Ganzstahlmessern wie bei diesem Exemplar von Tobias Haselmayr zu erhöhen.

Indem man porösem Material zunächst die Luft entzieht und die Hohlräume dann mit dünnflüssigem Kunstharz füllt, kann man sie stabilisieren. Wie bei diesem Schmuckstück von Laguiole en Aubrac mit Griffschalen aus Koralle.

Für Kochmesser, die auch mal in die Spülmaschine kommen, ist POM eine gute Wahl.

Foto: Opinel

Santoprene ist ein sehr griffiger Kunststoff, der zusätzlich mit einer Struktur versehen werden kann. Benchmade nutzt diese Technik gern.

Foto: Benchmade

Paracord

Diese reißfeste Nylonschnur wird auch als Fallschirmleine (Parachute Cord) verwendet und besteht aus einem geflochtenen Mantel und einer durchgehenden „Seele", die typischerweise aus sieben dünnen Einzelsträngen zusammengesetzt ist. Gerade feststehende Ganzmetall-Messer werden zur Verbesserung der Handlage mit Griffwicklungen aus Paracord versehen – eine funktionale und schnelle Lösung. Klappmesser, die über eine Öse oder einen Bügel verfügen, werden häufig mit Zugriemen aus Paracord nachgerüstet. Es gibt zahlreiche Anleitungen und Bücher zu attraktiven Wicklungen und Lanyards.

Polypropylen

Als weltweit am zweithäufigsten verwendeter Standardkunststoff findet sich thermoplastisches PP, so die Abkürzung, natürlich auch bei den Messergriffen der preiswerteren Modelle wieder.

POM

Polyoxymethylen ist ein hochmolekularer thermoplastischer Kunststoff, der 1952 von DuPont synthetisiert und bald darauf zum Patent angemeldet wurde. Auch aufgrund seiner hohen Steifigkeit und thermischen Stabilität wird er als technischer Kunststoff für Präzisionsteile eingesetzt. Er entspricht Delrin.

Santoprene

Ein angenehm anzufassender, weicher Polyurethan-Kunststoff.

Stabilisierte Materialien

Weiches oder von Pilzen wie dem Stockschwamm befallenes Holz, aber auch fossile Materialien wie Mammutelfenbein und -knochen können sehr attraktiv aussehen. Häufig sind solche Materialien jedoch in ihrer Grundstruktur zu schwach und daher nicht zum Bau von Messergriffen geeignet. Es sei denn, man stabilisiert sie: Dabei wird die in den Materialien eingeschlossene Luft zunächst herausgesaugt. Die verbleibenden Poren, Risse und Spalten werden anschließend mit einem dünnflüssigen Kunstharz gefüllt, das aushärtet. Dafür wird eine zähharte Mischung aus Plexiglas und anderen Komponenten verwendet. Die so behandelten Materialien werden massiv und unempfindlich gegen Feuchtigkeit. Das Kunstharz lässt sich auch leicht einfärben.

Titan

Titan kombiniert Korrosionsbeständigkeit mit hoher Festigkeit und geringem Gewicht. Bei ähnlicher Zugfestigkeit wie Stahl ist es um etwa ein Drittel leichter. Aufgrund seiner geringen Wärmeleitfähigkeit fühlt es sich in der Hand nicht so kalt an wie Stahl oder Aluminium. Titan ist zudem antiallergisch.

Für Backen und Griffe wird in der Regel Reintitan verwendet. Für Platinen (vor allem bei Liner-Lock-Klappmessern) wird meistens die federharte Titanlegierung 6Al4V eingesetzt. Auch Messerklingen werden zum Teil aus Titan hergestellt, wenn antimagnetische Eigenschaften und Rostfreiheit im Vordergrund stehen, wie zum Beispiel bei Tauchermessern des Kampfmittelräumdienstes.

Zytel

Zytel ist der Handelsname für ein von DuPont entwickeltes glasfaserverstärktes Nylonmaterial, das im Spritzgussverfahren verarbeitet wird. Zytel ist hitze- und kältefest, stoßbelastbar, schlagzäh und abriebfest. Zur Erhöhung der Griffigkeit wird die Oberfläche von Zytel-Schalen häufig texturiert.

Kapitelzusammenfassung

Das Griffmaterial trägt maßgeblich zur Optik und auch zur Funktionalität eines Messers bei. Früher verwendete man vor allem regional vorkommende Materialien: In den nördlichen Ländern Europas waren das vor allem Rentierhorn und das Holz der Maserbirke. Im südlichen Europa wurden vor allem die Hörner von Rindern, Rotwild, Widdern und Steinböcken und natürlich Hölzer wie Olive, Buchs oder Korkeiche verwendet. Im südostasiatischen Raum ist heute noch das Horn der Wasserbüffel weit verbreitet, in Europa ist Hirschhorn populär. Aus Südamerika wurden schon früh harte Hölzer wie Guajak (Pockholzbaum) importiert, das nicht nur im Bootsbau verwendet wird, sondern traditionell auch für die Griffe maritimer Messer.

Besonders edle Messer tragen Schalen aus Elfenbein oder fossilen Materialien aus den Knochen und Zähnen ausgestorbener Tiere. Auch Griffwicklungen sind eine gute Möglichkeit der Griffgestaltung. Bei modernen Messern findet man häufig Griffe aus belastbarem Kunststoff wie Kraton, aus Verbundmaterialien wie G-10, Micarta oder Carbonfaser sowie aus Metallen wie rostfreiem Stahl, Aluminium und Titan.

Leicht, fest, zäh und edel – die Kombination dieser Eigenschaften macht Titan zu einem beliebten Material bei hochwertigen Messern wie dem „Intrepid" des chinesischen Herstellers Kizer.

Bitte recht giftig: Bei diesem „Zombie-Chopper" von Ka-Bar sind die Zytel-Schalen auffällig gefärbt. Das glasfaserverstärkte Material ist praktisch identisch mit FRN.

MEDIUM
WARCRAFT
TANTO
El Mahony
REALSTEEL
LOEWEN
MESSER
SOLINGEN
GERMANY
ROSTFREI
FES
ROSTFREI
IVO
PORTUGAL
FANTONI
ITALY

Vielfalt der Klingen

Ob feststehendes Messer oder Klappmesser – ohne Klinge läuft nichts. Ihr Umriss bestimmt zu einem großen Teil den Verwendungszweck des Messers. Messertyp-übergreifend kommt da eine ganze Menge an Klingenformen zusammen, die im Folgenden näher vorgestellt werden. Denn sie alle haben ihre Besonderheiten.

Rückenspitz-Klinge

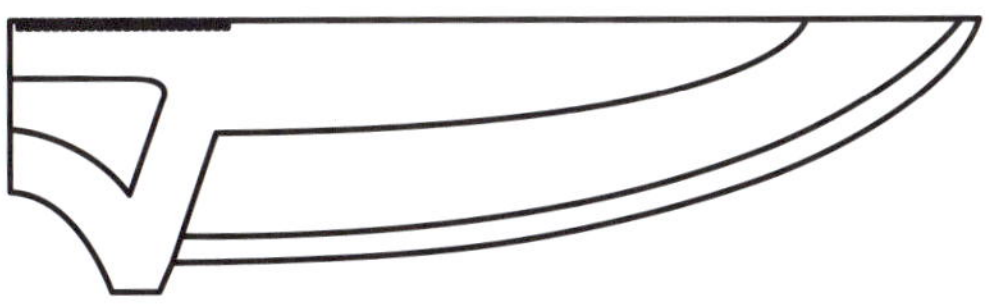

Bei dieser traditionellen Klingenform verläuft der Rücken in gerader Linie, während die Schneide in einer Kurve bis auf das Niveau des Klingenrückens ansteigt. Bekannte Messertypen, die auf dieser Klingenform beruhen, sind Fleischermesser, sogenannte Notschlacht- und Hippekniep-Taschenmesser (wie sie früher noch von vielen Solinger Herstellern gefertigt wurden) und ihr amerikanisches Pendant, das „Sodbuster"-Messer, das traditionelle Arbeitstaschenmesser der amerikanischen Farmer.

Durch die nach außen gewölbte Schneide lässt sich das Messer gut auf flachen Schneidunterlagen verwenden. Der bauchige Bereich kurz vor der Spitze lässt sich – wie auch die relativ ausgeprägte Spitze – sehr bewusst verwenden. Auch die bei der Jagd eingesetzten Nicker-Messer sind meist rückenspitz und dabei schlank und gestreckt. Insgesamt ist die klassische Rückenspitz-Form vielseitig verwendbar.

Durch den weiten Anstieg der Schneide ergibt sich eine bauchige Klingenform, mit der man gut auf Schneidbrettern arbeiten kann.

Drop-Point-Klinge

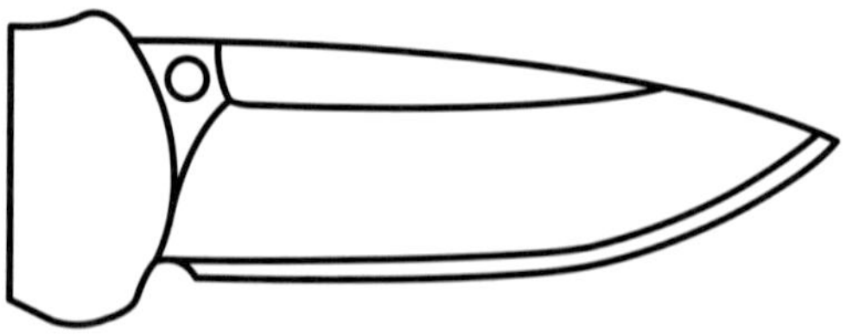

Senkt sich der Klingenrücken zur Spitze hin in einer sanften Kurve leicht ab, hat man einen echten Bestseller vor sich: Bei der sogenannten Drop-Point-Klinge (abgeleitet vom englischen Begrff „Point" für die Klingenspitze und dem Verb „to drop" = fallen lassn) handelt sich um eine der am häufigsten verwendeten Klingenformen überhaupt.

Das liegt daran, dass sie sehr vielseitig verwendbar ist. Im Bereich der Spitze bietet die Schneide noch genügend „Bauch", um die Klinge effektiv in einer ziehenden und wiegenden Bewegung auf einem Schneidbrett einzusetzen. Die Spitze ist zwar nicht besonders akzentuiert, lässt sich aber dennoch zum Stoßen und Bohren verwenden. Jäger arbeiten gern mit Drop-Point-Klingen, da sich mit ihnen der Bauchraum erlegter Tiere relativ schonend auftrennen lässt, ohne innere Organe zu verletzen. Dazu führen Jäger das Messer mit der Schneide nach oben und greifen die Klinge so kurz, dass der Zeigefinger auf dem Klingenrücken kurz vor oder sogar über der Spitze zum Liegen kommt. Das ermöglicht eine hohe Kontrolle beim Schneiden und schirmt die Spitze ab.

Die traditionellen Drop-Point-Varianten „Berger", „Bourbonnais", „Feuille de Sauge" (salbeiblattförmig, spitzer als Bourbonnais) findet man an traditionellen Klappmessern aus Frankreich. Dabei liegt die Klingenspitze mal etwas oberhalb der Klingenlängsachse, mal darunter.

Als „Pen-Klinge" bezeichnet man eine kurze, schlanke Klinge in Drop-Point-Form, die man auch gut zum Anspitzen von Stiften (Englisch „Pen") nutzen kann.

Von einer modifizierten Drop-Point-Klinge spricht man, wenn die Grundform leicht verändert ist: Zum Beispiel indem der abfallende Rücken zu einer falschen Schneide, also einer markanten, aber nicht scharfen Fase, ausgedünnt ist.

Spear-Point-Klinge (Mittelspitz)

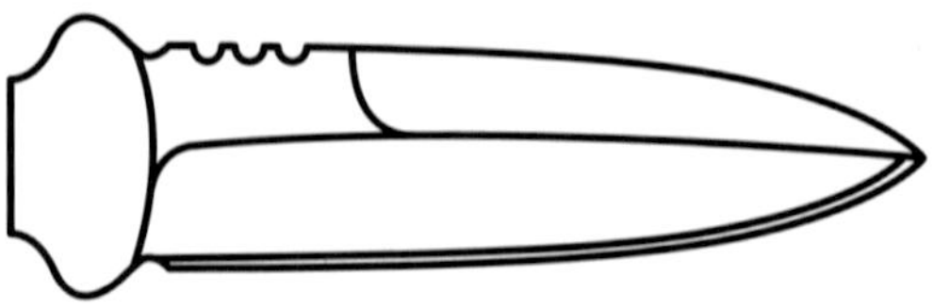

Die Spear-Point-Klinge ist eine Variante der Drop-Point-Klinge. Hier treffen sich der zur Spitze hin abfallende Rücken und die aufsteigende Schneide in der Mitte der Klingenhöhe. Das führt typischerweise zu einer schlanken, spitzen Klinge. Durch die mittige Positionierung lässt sich besonders kontrolliert mit der Spitze arbeiten.

Dolchklinge

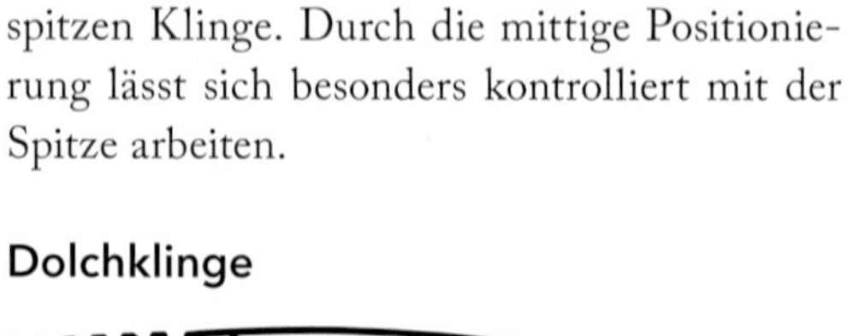

Eine dolchförmige Klinge findet man vor allem an Stoßwaffen. Sie ist mittelspitz und immer beidseitig geschliffen: Sowohl der ab-

Das „M16-03" mit seiner Spear-Point-Klinge ist ein Klassiker im Programm von CRKT.

Foto: CRKT

Das Böker „Speedlock" (hier das Modell „Army") besitzt eine Drop-Point-Klinge wie aus dem Lehrbuch.

Foto: Böker

Bei Dolchen ist stets auch der Rücken geschärft. Hier das Pohl Force „Romeo Two Survival" mit Titanklinge.

Die Hechtklinge zeigt eine ausgeprägte Spitze mit bauchigem Schneidenverlauf. Das Klaas „Monolith" setzt die elegante Form meisterhaft um (Foto: Stefan Schmalhaus).

Zum geraden Schneidenverlauf kommt bei der Schafsfußklinge ein bogenförmig abgesenkter Rücken – besonders im maritimen Einsatz eine beliebte Klingenform. Die abgebildeten Messer stammen von Tina, Strider und Lütters.

fallende Rücken wie auch die Hauptschneide sind geschärft. Das führt zu einer symmetrischen Klingenform, die besonders schlank und spitz zuläuft und dementsprechend besonders leicht eindringt. Der Praxisnutzen ist stark eingeschränkt, da der geschliffene Klingenrücken ein erhebliches Eigenverletzungspotenzial birgt und die Spitze teilweise so fragil ist, dass sie nicht für robustere Arbeiten verwendet werden kann.

Hecht-Klinge (Clip-Point/Bowie)

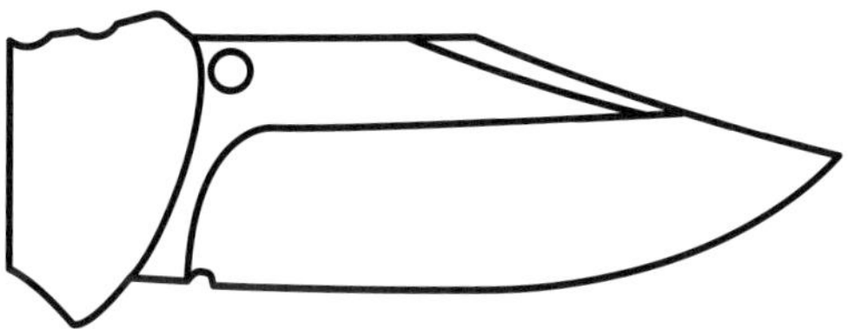

Bei einer Clip-Point-Klinge fällt der Klingenrücken einige Zentimeter vor der Spitze geradlinig oder – noch typischer – mit leichter Innenkrümmung ab, so als hätte man ein Stück herausgeschnitten (im Englischen: „to clip"). Die Spitze liegt meist leicht oberhalb der Klingenlängsachse. In Deutschland ist diese Form traditionell als Hechtklinge bekannt. Da sie als typisch für das legendäre Bowie-Messer angesehen wird, nennt man sie oft auch Bowie-Klinge (ob Jim Bowies Original-Bowiemesser allerdings tatsächlich diese Form hatte, ist nicht geklärt).

Die ausgeprägte Spitze lässt sich sehr wendig und präzise verwenden. Ob man etwas stechen oder aufspicken will oder ein Splitter entfernt werden muss: Die feine Clip-Point-Klinge kommt damit zurecht. Gleichzeitig lässt sich die Klinge dank der bauchigen Schneide auch gut auf einer Schneidunterlage verwenden. Je feiner die Spitze ist, desto empfindlicher ist sie natürlich auch.

Sonderformen der Clip-Point-Klinge sind die langgezogene, schlanke „Yatagan"-Form (der Name stammt von einem osmanischen Säbel), wie sie typisch für das französische Laguiole-Messer ist, und die ausgeprägte „türkische" Klinge, wie man sie beim ebenfalls französischen Douk Douk findet.

Schafsfußklinge (Sheepsfoot)

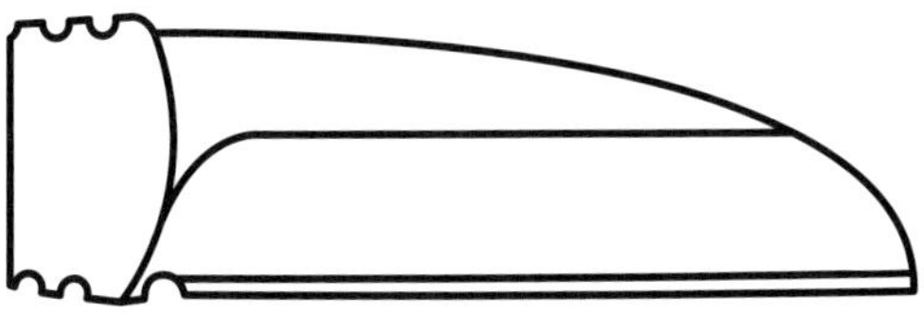

Die Solinger Bezeichnung „watenspitz" sagt schon alles aus: Die Spitze liegt bei dieser Klingenform auf Höhe der gerade verlaufenden „Wate", also der Schneide. Der Rücken senkt sich dabei gerundet und steil bergab, was dazu führt, dass diese Klingenform gänzlich ungeeignet zum Stechen ist. Auch aus diesem Grund findet man solche Klingen bevorzugt an maritimen Messern – bei starkem Seegang will niemand der eigenen Klingenspitze in die Quere kommen. Obwohl man die Spitze nicht zum Stechen verwenden kann, lässt sie sich doch effektiv beim Arbeiten einsetzen, zum Beispiel zum Einschneiden von Planen, Segeltüchern oder Folien.

Dass die Schneide völlig gerade verläuft, bringt Vor- und Nachteile: Beim Arbeiten auf einer flachen Schneidunterlage gerät die Schafsfußklinge ins Hintertreffen, da praktisch nur die Spitze einsetzbar ist. Beim Schnitzen oder freihändigen Schneiden hin-

Wenn bei einer Skinner-Klinge die Spitze abgesenkt ist wie bei diesem Meyerco, spricht man von einem Semi-Skinner.
Foto: Meyerco

gegen, lässt sich mit der geraden Schneide kontrolliert sehr viel Kraft übertragen.

Eine schlanke und stumpfwinklig auslaufende Schafsfuß-Klinge nennt man im englischen Sprachraum „Coping"-Klinge. Man findet sie häufig an Elektrikermessern, wo sie für Einschnitte in die Ummantelungen von Kabeln oder zum Öffnen von Paketen verwendet wird.

Wharncliffe-Klinge

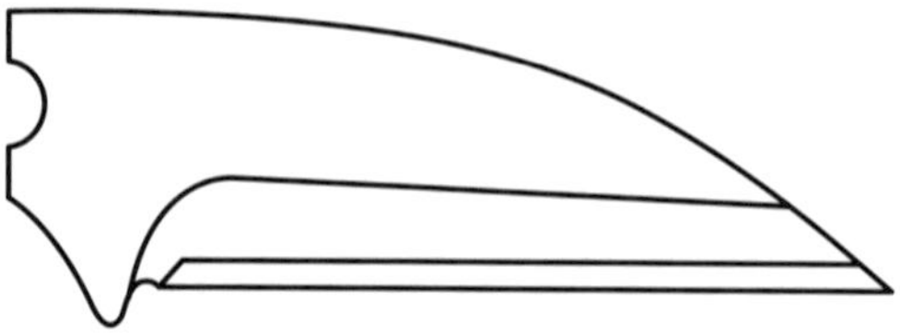

Die Bezeichnung „Wharncliffe" für eine Klingenform taucht bei Messerherstellern in Sheffield in der ersten Hälfte des 19. Jahrhunderts auf. Zu dieser Zeit gab es auch einen Lord Wharncliffe, der möglicherweise der Namensgeber ist. Fest steht die elegante Form: Die Schneide verläuft völlig gerade, während sich der Klingenrücken – relativ spitz auslaufend – zur Schneide herabsenkt. Die prägnante Spitze ist der Hauptunterschied zur Schafsfußklinge, mit der sie ansonsten grundlegende Eigenschaften teilt. Wharncliffe-Klingen wirken elegant und sind vielseitig verwendbar.

Skinner-Klinge

Die Skinner-Form (im Englischen auch „Trailing Point") findet man fast ausschließlich an Abhäutemessern aus dem jagdlichen Bereich. Da die Spitze deutlich über der Rückenlinie liegt, hat die aufsteigende Schneide besonders viel Bauch und kann so gut mit ziehenden Schnitten zum Lösen der Haut verwendet werden.

Tanto-Klinge

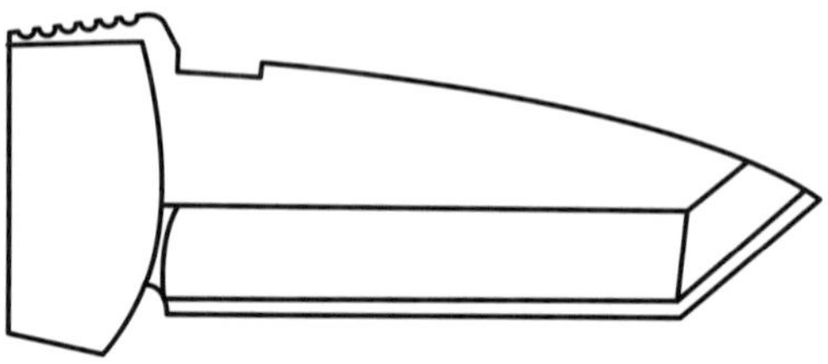

Ein Tanto ist ursprünglich ein Kampfmesser mit bis zu 30 Zentimeter langer Klinge, das

Eine sehr elegante Mischform aus Drop-Point- und Wharncliffe-Klinge zeigen diese zwei Fantoni-Modelle aus Italien.

Vom traditionell japanischen Panzerstecher zum Style-Faktor: Die Tanto-Klinge hat einen langen Weg hinter sich. Die beiden CRKT-Modelle „M16" und „K.I.S.S" zeigen die kantige US-Form.

Im Gegensatz zu anderen Klingen mit geradem Schneidenverlauf kann man Kiridashi-Klingen auch auf planen Flächen gut verwenden. Dieses Custom Knife stammt von Stefan Richle.

Eine hakenförmige Klinge findet man häufig bei landwirtschaftlich genutzten Schneidgeräten, wo sie im ziehenden Schnitt eingesetzt wird. Hier eine alte Lütters-Hippe.

von den japanischen Samurai benutzt wurde. Typisch für das Original ist ein gerade verlaufender Rücken und ein rund ansteigender Schneidenverlauf. Sogenannte „Panzerstecher"- Tanto waren besonders stabil.

Mitte der 1980er wurde die Tanto-Form in abgewandelter American-Tanto-Form auch in der Messerszene populär – und ist seither nicht mehr aus den Produktlinien der großen Hersteller wegzudenken. Beim American Tanto bleibt die volle Klingenstärke bis kurz vor der Spitze bestehen. Der größte Teil der Schneide verläuft gerade, um dann zur Spitze anzusteigen, allerdings kantig abgesetzt und ebenfalls in gerader Linie. Das ist der Unterschied zum japanischen Original. Die Spitze kann auf Rückenhöhe oder darunter liegen. Der Klingen-Querschnitt ist meist besonders stabil, auch die Spitze wird bewusst robust gestaltet.

Kiridashi-Klinge

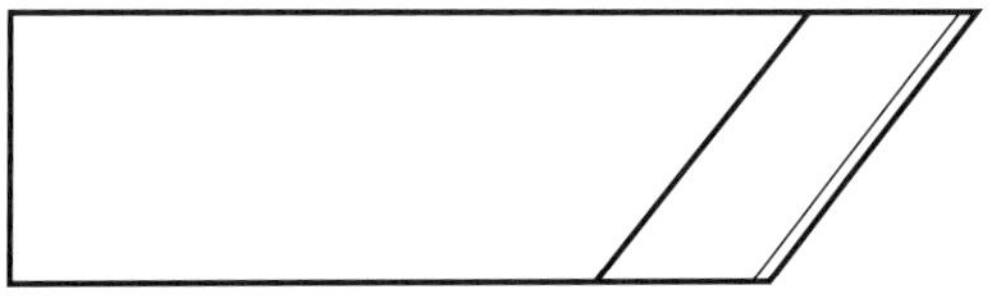

Kiridashi-Klingen findet man vor allem an japanischen Arbeitsmessern zur Holzbearbeitung. Charakteristisch ist die eckige Form, die dadurch zustande kommt, dass die Schneide in gerader Linie zur Spitze ansteigt, in einem Winkel von ungefähr 45 bis 60 Grad. Die Spitze liegt auf Höhe der geraden Rückenlinie. Mit dieser akzentuierten Spitze lassen sich präzise Ritz- und Einschneidearbeiten vornehmen. Die gerade Schneide erlaubt exaktes Schnitzen und kontrollierte Schnitte. Der relativ große Winkel zwischen der Längsachse des Griffs und der Schneide sorgt bei der Arbeit auf einer flachen Unterlage für eine verbesserte Knöchelfreiheit.

Haken-Klinge (Hawkbill)

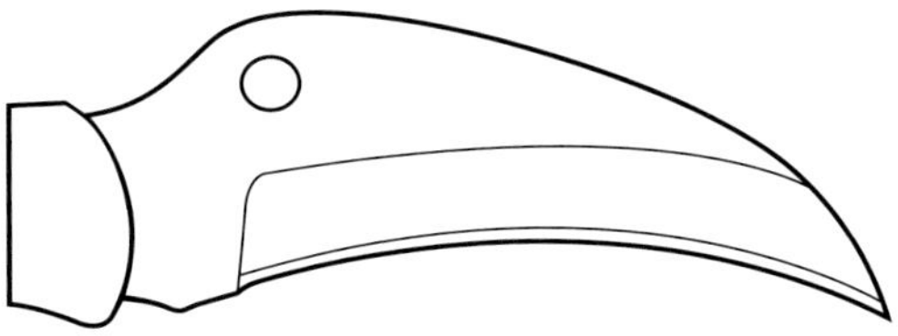

Für schneidende Tätigkeiten auf einem Schneidbrett oder einer Arbeitsplatte ist die im Englischen „Hawkbill" genannte Klingenform denkbar ungeeignet. Beim Einritzen oder bei Schneid- und Schlitzaufgaben ohne Auflage ist die Hakenklinge jedoch in ihrem Element: Die Spitze ist „reißerisch" und kann meist auch unter eng gebundene Schnürungen gezwängt werden. Die klauenförmige Klinge lässt – je nach Ausprägung der Krümmung – das eingefangene Schnittgut nicht mehr los und ermöglicht gerade im Innenradius eine hohe Kraftübertragung. Durch diesen Innenradius ist die nutzbare Schneidenlänge deutlich länger als die lineare Verbindung zwischen Spitze und Klingenanfang.

Gekrümmte und dabei spitz zulaufende Klingen sind typisch für Sicheln, Gärtner- und Baumpflegemesser, Karambit-Messer, wie sie in manchen Messerkampftechniken eingesetzt werden, sowie für bestimmte Arbeits-, Jagd- und Rettungsmesser. Sie eignen sich besonders gut zum Kappen von Seilen und Gurten.

Das prämierte „Profi Rescue Tool" von Hubertus setzt auf eine besonders sichere Klingenform und einen automatischen Öffnungsmechanismus.

Das nach einem Design von Lucas Burnley gefertigte Böker „Arbolito Scorpion" mit Recurve-Klinge in den Händen von Lucas Burnley (der nicht nur Messer entwirft, wie man sieht).

Rettungsklinge

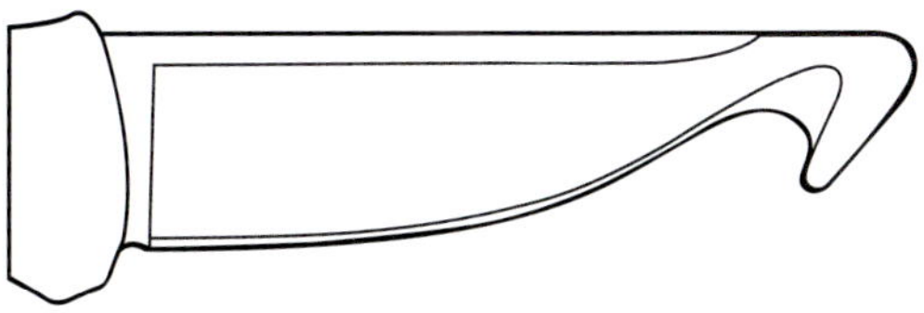

In Notsituationen herrscht meist Aufregung, schnelles Handeln ist gefragt. Um bei notwendigen Rettungsaktionen wie dem Durchtrennen von Gurten, Seilen oder Leinen das Verletzungsrisiko für sich selbst und die verunfallte Person möglichst gering zu halten, besitzen reine Rettungswerkzeug-Klingen keine Spitze. Dort, wo sonst die Spitze liegt, findet sich meist nur eine abgerundete Kurve, so dass Stichverletzungen oder ungewolltes Punktieren empfindlicher Materialien vermieden werden. Typischerweise ist die Schneide in diesem Bereich wie ein Haken geformt, dessen Innenradius geschliffen. So lassen sich gefahrlos Gurte kappen oder Bekleidungsteile aufschneiden. Manchmal ist auch der Rest der Schneide scharf geschliffen.

Recurve-Klinge

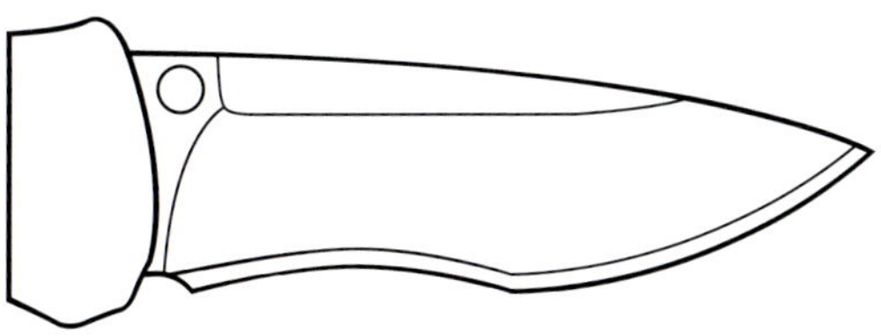

Besitzt eine Klinge entlang der Schneide einen Kurvenverlauf ähnlich einem liegenden S, spricht man von einer Recurve-Klinge. Ist der Schwung besonders ausgeprägt, wird die Schneidenlänge deutlich größer als die lineare Strecke zwischen Spitze und Klingenanfang. Die S-Form erzeugt auch unterschiedliche Wirkungsbereiche entlang der Schneide: zum Beispiel eine besonders hohe Kraftübertragung aufs Schneidgut am Übergang von einer Innenkrümmung zu einer Außenwölbung.

Kapitelzusammenfassung

Über sämtliche Messertypen hinweg gibt es zahlreiche Klingengrundformen, die den äußeren Umriss bezeichnen. Der bestimmt zu einem guten Teil, wofür das Messer gut oder weniger gut geeignet ist. Zu den beliebtesten Klingenformen gehören die Drop-Point- und die Clip-Point-Form.

Bei der stabilen Drop-Point-Klinge senkt sich der Klingenrücken mit einer Außenwölbung zur Spitze herab, während die Schneide bauchig ansteigt. Drop-Point-Klingen sind sehr vielseitig einsetzbar und entsprechend beliebt – auch bei Jägern.

Bei einer Clip-Point-Klinge verläuft die Absenkung des Klingenrückens geradlinig oder konkav. Die Schneide steigt auch hier zur Spitze hin bauchig auf. Dadurch ergibt sich eine wendigere und deutlich spitzere Grundform, die elegant wirkt. Klappmesser-Legenden wie das Buck Hunter 110 und die meisten Bowie-Messer besitzen Clip-Point-Klingen.

Klingen mit geradem Schneidenverlauf wie Schafsfuß- oder Wharncliffe-Klingen sind besonders einfach zu schärfen und ermöglichen über ihre gesamte Klingenlänge hinweg eine kontrollierte Kraftübertragung. Arbeitet man damit jedoch auf einer planen Unterlage wie einem Schneidbrett, sind diese Klingenformen ungeeignet, weil sie nur mit der Spitze ritzen, statt richtig zu schneiden.

linder
Easy Track
ATS 34 - SUPER EDGE I
Stainless • HRC 60 • Made by Linder Solingen Germany
Serial No. 14021
OUTRAGE
KEN ONION DESIGN
MORA
OF SWEDEN
SWEDISH STEEL
HI CARBON - NO STAIN
MADE IN SWEDEN

Von der Wissenschaft des Schneidens

Vor allem die Form und Ausarbeitung der Schneide sowie der restliche Klingenquerschnitt bestimmen, wie gut man mit einem Messer schneiden, schnitzen oder hacken kann. Erfahren Sie hier, was beim Schneiden physikalisch passiert und welche Zusammenhänge zwischen der Schneidfähigkeit und der Stabilität einer Klinge bestehen.

Die Schneide

Bevor der grundlegende Klingenquerschnitt ins Spiel kommt, erledigt der Teil der Klinge seinen Job, der zuerst das Schneidgut berührt. Das ist bei einem Messer die Schneidkante. Je dünner diese ist, desto höher ist die Schärfe. Denn die Schneidkante konzentriert den Druck der messerführenden Hand auf das Schneidgut. Ist der aufgebrachte Druck hoch genug, um das molekulare Gefüge des Schneidguts – des Seils, des Holzstückchens, Apfels oder was immer man auch schneidet – aufzutrennen, schneidet man. Darum geht es.

Die Schneidkante selbst hat immer eine gewisse Breite, die durch die Struktur des Stahls und die Feinheit der Schleifmittels vorgegeben ist. Wenige Tausendstel Millimeter Stärke (bei einer hochwertigen Rasierklinge sind es sogar nur 0,0005 Millimeter) sind allerdings möglich. Allein daran sieht man, was Stahl doch für ein beeindruckender Werkstoff ist. Bei einer Klinge, die härtere Materialien schneiden soll, muss die Schneidkante allerdings dicker sein. Sonst würde sie allzu leicht beschädigt werden.

Von der eigentlichen Schneidkante aus laufen die Flanken V-förmig auseinander. Dieser Bereich wird Schneidfase genannt. Wichtig ist die Schneidfase als „Rückendeckung“ der Schneidkante. Der Winkel, in dem die Flanken zueinander stehen (der Schneidenwinkel), bestimmt die Stabilität der Schneidkante. Gleichzeitig bestimmt er auch maßgeblich, mit welcher Leichtigkeit die Klinge einschneidet.

Die Parameter Stabilität und Schneidfreudigkeit sind leider gegenläufig. Ein derber Schneidenwinkel führt zu einer stabileren Schneide als ein feinerer Schneidenwinkel. Mit einem feineren Schneidenwinkel schneidet man wiederum besser als mit einem derben. Es gilt daher die passende Balance zu finden, die abhängig von der zu erwartenden Belastung und vom Klingenstahl ist.

Die Schneide einer Messerklinge aus einem besonders feinkörnigen Stahl, mit der man nur weichere Materialien schneidet, kann einen Schneidenwinkel von etwa 20 Grad haben. Das bedeutet, dass die beiden Flanken

Die Geometrie der Messerklinge

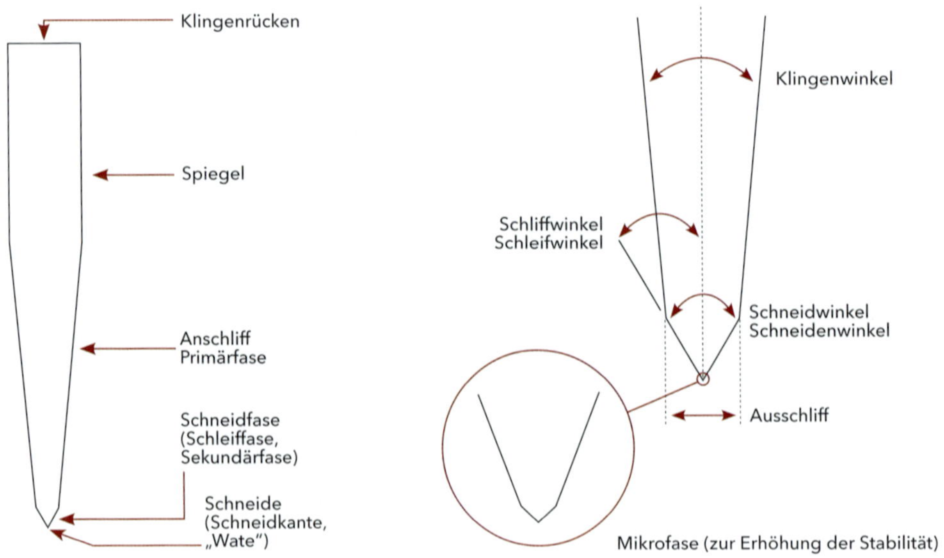

Wirkung der Messerschärfe

Eine Frage der Dicke: Je schmaler die Schneidkante ist, desto weniger Kraft ist nötig, um die Molekülverbindungen des Schneidguts zu trennen.

jeweils nur einen Winkel von zehn Grad zur senkrechten Achse aufweisen. Bei einer Messerklinge, die gröbere Beansprchung aushalten muss, sind 30 bis 50 Grad (Gesamtwinkel) ein praktikabler Wert.

Glatte Schneide oder Wellenschliff?

Für die Schneidleistung ist neben dem Schneidenwinkel auch der Schliff der Schneide von Bedeutung: Der kann glatt (Englisch „Plain Edge") oder als sogenannter Wellenschliff („Serrated Edge") ausgeführt sein. Bei einer glatten Schneide sieht man keine Unregelmäßigkeiten im Verlauf – man versucht normalerweise sogar, die Schneidkante so fein und glatt zu machen, dass sie selbst unter stark vergrößernden Mikroskopen so uniform wie möglich verläuft. Die glatte Schneide ist die traditionelle Form und immer noch der Standardschliff.

Messer mit Wellenschliff-Klingen sind allerdings bereits seit Jahrzehnten ein fester Bestandteil im Programm der großen Messer-Hersteller. Die bieten ihre Bestseller meist zusätzlich zu einer glatten Ausführung auch mit Teil- oder Komplettwelle an. Bei Rettungsmessern und Tactical Knives gehört der Wellenschliff ohnehin zum guten Ton. Erstere werden praktisch ausschließlich mit den scharfen Zacken hergestellt.

Wellenschliffe gibt es in den unterschiedlichsten Ausprägungen, eines ist jedoch fast immer identisch: Die Schneide besteht aus einer Abfolge von Zacken (die Wellenschliffkämme), die durch nach innen gewölbte Anschliff-Flächen (die Wellenschliffmulden) verbunden sind. Stellt man eine solche Klinge mit seiner Schneide auf eine plane Fläche, sitzen nur die Zacken auf. Diese sind meist stabil geformt und arbeiten mit einem „reißenden" Schnitt.

Im Detail zeigen sich aber Unterschiede. Einige Hersteller schleifen Mulde auf Zacke in jeweils gleichbleibendem Format. Andere wechseln zwischen kleineren und größeren Innenradien ab. Und auch die dazwischen liegenden „Wellenschliffkämme" können mal eher gerundet, mal scharfkantig spitz sein.

Zu den Vorteilen des Wellenschliffs gehört, dass die Wellen und Täler zu einer Ver-

Glatte Schneiden erzeugen ein feineres Schnittbild als Wellenschliff-Schneiden.
Foto: Fox (oben), Spyderco (unten)

längerung der wirkamen Schneide führen – im Vergleich zu einer gleich geformten Klinge mit linearem Schneidenverlauf.

Selbst harte Schneidunterlagen stumpfen eine Wellenschliffklinge kaum ab, da immer nur die Zacken aufliegen, was die Innenradius-Schärfe schont. Auch deshalb sind Steakmesser in Restaurants oft gezahnt. Das Schneiden erfolgt bei Wellenschliffklingen – ähnlich wie beim Sägen – durch Hin- und Herbewegen der Klinge. Ein hoher Druck ist nicht notwendig. Besonders glatte, harte Oberflächen werden dabei von den Zacken relativ leicht „gegriffen" und anschließend von den konkaven Schneiden geschnitten.

Wenn es ans Trennen harter Kunststoffe oder dünner Bleche geht, rutschen Standardklingen mit glattem Schliff häufig darüber hinweg oder stumpfen sehr schnell ab. Nicht so die Wellenschliffklingen, die selbst in stumpfem Zustand noch verhältnismäßig brauchbar sind, da die stabilen Zacken weiter „reißen".

Da fragt man sich doch nur noch, wozu man glatte Schneiden denn überhaupt braucht? Des Rätsels Lösung ist ganz einfach: Eine gut geschärfte, glatte Klinge ist einer Wellenschliffklinge in fast allen Bereichen überlegen oder zumindest ebenbürtig: Denn eine glatte und scharfe Schneide erzeugt ein feineres Schnittbild und verkantet nicht so leicht. Und das Nachschärfen glatter Schneiden ist unkomplizierter als das Schärfen von Wellenschliff-Schneiden. Wer es dabei genau nimmt, müsste eigentlich jede Mulde einzeln schärfen und benötigt dazu ein rundes oder halbrundes Schärfsteinprofil mit passendem Durchmesser.

Kurzum: Schnitzer und Schneidästheten setzen auf glatte Schneiden. Wer sich oft mit faserigen Materialien oder Kunststoffen konfrontiert sieht und keine Zeit zum Schärfen hat – oder wem es im Notfall genügt, Materialien irgendwie durchzubekommen –, ist mit einer Wellenschliffklinge gut bedient. Wobei Wellenschliff nicht gleich Wellenschliff ist. Die gemäßigten Ausführungen, wie sie etwa von Victorinox, Spyderco und CRKT angeboten werden, funktionieren in der Praxis gut.

Die wichtigsten Klingenschliffarten

Wie gut man etwas schneidet oder durchschneidet und wie stabil die Klinge insgesamt ist, hängt in großem Maße vom Grundschliff der Klinge ab, also von ihrem Querschnittsprofil. Mit einer vom Klingenrücken bis zur Schneidkante sehr dünnen Klinge kann man viele Materialien leichter durchtrennen als mit einer faktisch ebenso scharfen, aber deutlich stärkeren Klinge: Die eine schneidet leichter durch das Schnittgut hindurch, die andere reibt und verkeilt sich stärker und erfordert daher mehr Kraftaufwand.

Klar ist allerdings auch: Eine Klinge mit sechs Millimeter starkem Rücken hat mehr Stabilitätsreserven. Zur Not kann man sie auch als Brechstange verwenden. Mit einer Zwei-Millimeter-Klinge sollte man das lieber nicht versuchen. Die Balance zwischen Schneidfähigkeit und Stabilität ist eben ein Kompromiss. So wie eigentlich alles an einem Messer, von der Wahl des geeigneten Stahls bis zur Form des Griffs.

Die wichtigsten Schliffarten

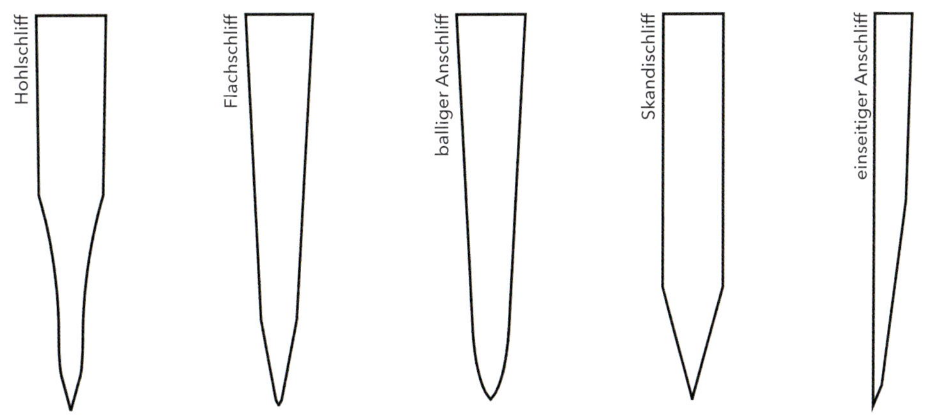

Die wichtigsten Schliffarten:
Die Klingenstärken und Ausprägungen variieren in der Praxis stark.

Der Klingenwinkel und die Klingenstärke spielen beim tieferen Einschneiden eine wichtige Rolle.

Laufen die Klingenflanken vom Rücken oder einer tiefer gesetzten Schliffkante aus beidseitig V-förmig zusammen, spricht man von einem Flachschliff. Dabei unterscheidet man bei genauerer Betrachtung noch die Primärfase (also den Flachschliff) von der Sekundärfase (an der Schneide), die einen etwas stumpferen Winkel aufweist.

Wenn die Primärfase ohne weitere Winkelveränderung (also ohne Sekundärfase) bis in die Schneidkante läuft, dann spricht man von einem Flachschliff auf Null. Skandinavische Outdoormesser sind traditionell so geformt. Bei dieser Schliffart ergeben sich besonders kleine Schneidenwinkel und eine entsprechend hohe Schärfe.

Bei einem Hohlschliff sind die Klingenseiten nach innen gewölbt. Das erreicht man, indem man zum Schleifen runde Schleifsteine nutzt. Je kleiner deren Radius ist, desto ausgeprägter ist der Hohlschliff. Je größer der Schleifsteinradius ist, desto moderater wird der Hohlschliff.

Die Schneidfase (Sekundärfase) selbst ist jedoch auch bei einem Hohlschliff V-förmig flach geschliffen. „Auf Null“ geschliffene Hohlschliffe ohne Sekundärfase existieren aufgrund ihrer Empfindlichkeit praktisch nicht.

Bei einem balligen Schliff sind die Klingenflanken durch eine Außenwölbung gekennzeichnet. Die Klingenflanken laufen also bogenförmig zusammen und bilden dort, wo sie zusammentreffen, die Schneidkante aus. Es gibt ausgeprägte ballige Schliffe (zum Beispiel bei Spaltäxten) und moderate ballige Schliffe, wie man sie bei Outdoormessern gelegentlich findet. Letztere sind meistens von der höherwertigen Sorte, da ein balliger Schliff händische Arbeit erfordert.

Jede dieser Schliffarten hat ihre Berechtigung: Eine gut gemachte Hohlschliffklinge wird von der Schneide ausgehend nur langsam dicker und dringt daher zunächst sehr gut ein. Das ist auch für das Nachschleifen der Klinge vorteilhaft. Irgendwann jedoch wird die Klinge, sofern sie einigermaßen stabil ist, abrupt sehr viel stärker und verkeilt dann womöglich leichter, abhängig von der Beschaffenheit des Schnittguts.

Der ballige Schliff ist gewöhnlich aufs Spalten und Verdrängen ausgelegt. Sein großer Vorteil ist die höhere Stabilität der Klinge (bei gleicher Anschliffhöhe), die aus dem relativ kräftigen Profil resultiert.

Der Flachschliff ist der Mittelweg zwischen Hohlschliff und balligem Schliff und bietet einen guten Kompromiss aus Stabilität und Schneidfähigkeit. Daher ist er sehr beliebt. Er kann für eine hohe Schneidleistung fein ausgeprägt sein oder für eine höhere Belastung derber angelegt werden.

Man findet übrigens bei vielen Messern eine leicht ballig geschliffene Schneidfase, auch wenn der Klingenquerschnitt einen Flach- oder Hohlschliff aufweist. Das liegt einfach an dem Medium, mit dem die Schneide geschliffen wird. Beim Nachschärfen von Hand auf einem Schärfstein entsteht ganz automatisch eine ballige Schneide, weil man den Winkel nie hundertprozentig gleichmäßig einhalten kann. Dieser Effekt ist durchaus erwünscht, weil er die Stabilität der Schneide erhöht und sie weniger empfindlich gegenüber Ausbrüchen beim Kontakt mit hartem Schneidgut macht.

Bei einem balligen Schliff zeigen die Klingenflanken eine leichte Außenwölbung. Viele Messer besitzen zudem ballig geschliffene Schneiden (Messer von Tobias Haselmayr, Tina und Svörd).

Der Ausschliff, die Klingenstärke oberhalb der Schneidfase, hat hohen Einfluss auf die Schneidfähigkeit.

Einfluss von Beschichtungen und der Klingenoberfläche

Neben der Formgebung ist auch die Oberflächenbeschaffenheit der Klinge wichtig für die Schneideigenschaften. Bei polierten oder zumindest fein geglätteten Klingen entsteht weniger Reibung. In diesem Sinn wirken auch Beschichtungen, zum Beispiel mit Teflon. Doch auch bewusst rau belassene Klingenflanken können Vorteile bringen: Bei Kochmessern kann so die Anhaftung weicher Lebensmittel verringert werden – der sogenannte „Food Release“-Faktor wird verbessert.

Kapitelzusammenfassung

Wie gut man etwas schneidet, wird zunächst vom untersten Teil der Klinge bestimmt: der Schneide. Die Stärke der Schneidkante und der Winkel der anschließenden Schneidfase haben unmittelbar Einfluss auf die Kraft, die man aufbringen muss, um die Molekülverbindungen des Schneidguts zu trennen.

Wie gut man tief in das Schneidgut hineinschneidet, wird vor allem vom Querschnitt der Klinge bestimmt. Bei Messern findet man den V-förmigen Flachschliff, den konkaven, also nach innen gewölbten Hohlschliff und den konvexen balligen Schliff. Alle Schliffarten haben ihre Vor- und Nachteile.

Ob die Schneide glatt oder wellenförmig geschliffen ist, hat ebenfalls Einfluss auf die Art und Weise, wie gut man schneidet. Auch die Oberflächenbeschaffenheit der Klinge spielt dabei eine Rolle. Hersteller setzen deshalb beispielsweise reibungsmindernde Beschichtungen ein oder schleifen extra „Kullen“ in die Flanken, vor allem bei Käsemessern.

Um die Reibung der Klinge am Schnittgut zu verringern, werden Beschichtungen mit guten Gleiteigenschaften eingesetzt. Böker verwendet bei diesen „Speedlock“-Modellen Ilaflon.

Beim Schnitzen ist ein feiner Schneidenwinkel von Vorteil, wie er typisch für skandinavische Messer ist.

Ein ganz besonderer Stoff

Zu kaum einem anderen Aspekt in der Messerwelt gibt es so viele, zum Teil konträre Meinungen wie zur Wahl des richtigen Messerstahls. Ganze Bücher existieren zu diesem Thema. Und es stimmt schon: Das Messerstahl-Einmaleins erschließt sich einem nicht auf den ersten Blick. Doch keine Sorge: Für ein grundlegendes Verständnis ist kein Physik- oder Chemiestudium nötig. Einige Wissensbausteine reichen und geben Ihnen das Rüstzeug in die Hand, ein Messerexperte zu werden. Erfahren Sie in diesem Kapitel, wie man Stahl gewinnt, wie daraus Messer werden und welche Stähle für welche Messer geeignet sind.

Vom Eisenerz zum Stahlblech

Ohne Stahl wäre unsere moderne Welt schlichtweg nicht denkbar: Stahl ist die Grundlage fast aller Maschinen und Werkzeuge, Baustahl stützt unsere höchsten Gebäude und Stahlbleche formen unsere Autos und Schiffe.

Auch bei der Herstellung von Messerklingen führt kein Weg an Stahl vorbei. Denn für belastbare und dauerhaft scharfe Klingen gibt es kein anderes Material, das so viele gewünschte Eigenschaften mit sich bringt. Guter Stahl lässt sich auf wenige Tausendstel Millimeter ausschleifen und ist dabei so hart und zugleich zäh, dass man nicht nur Obst, Gemüse und Fleisch damit schneiden kann, sondern auch Harthölzer, Kunststoffe oder fasrige Materialien wie Karton oder Sisalseile.

Bis aus dem abgebauten Eisenerz, das heute meist aus Brasilien oder China kommt, eine Messerklinge wird, sind viele Schritte nötig. Per Eisenbahn und Frachtschiffen wird das Eisenerz zu den Stahlwerken gebracht. Dort wird das Erz zunächst in den Hochöfen in Roheisen umgewandelt und durch die Beimengung von Legierungsbestandteilen bei Temperaturen von über 2000 Grad Celsius in Stahlschmelze umgewandelt.

Doch Stahl ist nicht gleich Stahl. Um den unterschiedlichsten Anforderungen gerecht zu werden, gibt es Hunderte unterschiedlicher

Stahl für Hobbymessermacher wird üblicherweise als Flachstahl in weichgeglühter Form verkauft. So lässt es sich besser bearbeiten. Ganz am Ende bekommt er durch die Wärmebehandlung seine Härte.

Beim schwedischen Stahlerzeuger Sandvik wird Eisenerz zunächst in Roheisen umgewandelt und dann in riesigen Öfen unter Beimengung von Stahlschrott zu Stahlschmelze gekocht.

Die spezielle Zusammensetzung aus Eisen und weiteren Legierungsbestandteilen wie Kohlenstoff und Chrom erzeugt bestimmte Legierungen, die zu Rundmaterial, Platten oder Stahlbändern geformt werden.

Stahlzusammensetzungen. Ingenieure steuern exakt die Mengen an Eisen und anderen Legierungsbestandteilen (die wichtigsten sind Kohlenstoff, Chrom, Molybdän und Vanadium), die im Stahl enthalten sein sollen. Diese Feinabstimmung ist maßgeblich verantwortlich für die späteren Eigenschaften des fertigen Stahls.

Als Resultat des Schmelzprozesses im Stahlwerk entstehen tonnenschwere Stahlblöcke. Diese sogenannten Brammen werden noch einmal glühend erhitzt und in Walzstraßen zu unterschiedlich dicken Blechen ausgewalzt oder zu Rundmaterial umgeformt. Wer einmal die Gelegenheit hat, ein Stahlwerk zu besichtigen, sollte es tun. Die schiere Größe der Hallen, der Lärm, die Hitze – all das ist wirklich beeindruckend.

Vom Stahlblech zur Klinge

Stahlbleche mit geeigneten Legierungen bilden die Ausgangsbasis für den größten Teil der Messer, die industriell oder manuell hergestellt werden. Große Messerhersteller kaufen den Stahl tonnenweise, Messermacher können ihn über Zwischenhändler in handlichen Maßen erwerben. Ein 20 Zentimeter langes Stück 12C27-Schwedenstahl, 3,2 Zentimeter breit und 0,4 Zentimeter dick, ist schon für weniger als zehn Euro erhältlich.

Um den Stahl leichter und werkzeugschonend bearbeiten zu können, wird er ungehärtet (weichgeglüht) ausgeliefert. Individuell arbeitende Messermacher sägen oder schleifen dann die Grundform des Messers heraus und bearbeiten das Messer am Bandschleifer oder mit

Beim Trowalisieren werden die Stahlteile eines Messers zusammen mit abrasiven Keramikkörpern stundenlang „gewaschen". Dadurch werden Stanz- und andere Bearbeitungsspuren geglättet.

Das Schmieden ist die älteste Form des Messermachens. Durch das Erhitzen im Kohlefeuer bringen Schmiede den Stahl auf Umformungstemperatur und bearbeiten ihn anschließend mit dem Hammer.

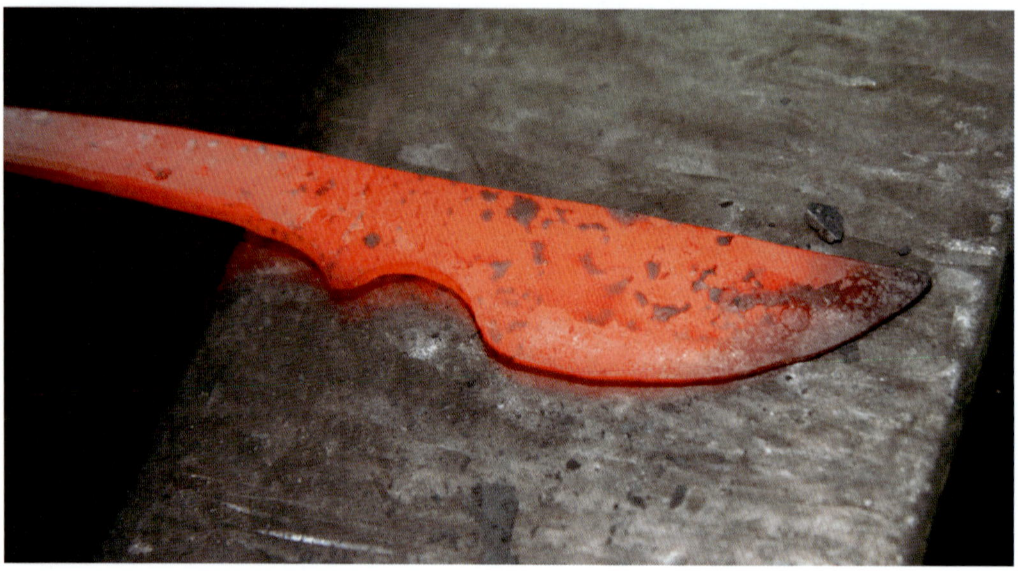

Der Amboss gehört zu den wichtigsten Werkzeugen eines Schmieds. Auf ihm wird der Stahl mit gezielten Schlägen zum Messer geformt.

der Feile weiter. Dabei wird durch Materialabnahme die Angel in die gewünschte Form gebracht, und die Klinge bekommt ihren Grundschliff. Gut ausgestattete, professionell arbeitende Messermacher nutzen dazu auch spezielle Schleifmaschinen oder computergesteuerte Fräsmaschinen.

Schmiede erhitzen den Stahl in der Gasesse oder im Schmiedefeuer, bis er hellrot glüht und durch Hammerschläge auf dem Amboss geformt werden kann. Das Ziel beim Schmieden ist es, möglichst nahe an die endgültige Form des Messers zu kommen. Danach wird die endgültige Form ebenfalls mit dem Bandschleifer, der Feile oder Schleifleinen hergestellt.

Bei der handwerklichen Fertigung von Messern ist Muskelschmalz, das eine oder andere Blatt Schleifpapier und viel Zeit gefragt. Der Aufwand ist nicht zu unterschätzen und erklärt die hohen Preise. Wer jemals selbst ein Messer macht, wird Messer künftig mit anderen Augen sehen.

Je nachdem, wie der Griff später aussehen soll, bohren Schmiede und Messermacher mit der Standbohrmaschine Löcher in die Angel oder schneiden ein Gewinde darauf, um später Griffschalen oder einen gesteckten Griff anbringen zu können. Dann wird das Messer gehärtet, nochmals gesäubert und geglättet und schließlich abgezogen, also geschärft.

Industriell laufen die Prozesse zum größten Teil maschinell ab. Um Flachangelmesser herzustellen, wird die spätere Messerform aus einem Stahlblech herausgestanzt oder per Laser- oder Wasserstrahl herausgeschnitten.

In der Schmiede wird der Stahl so weit wie möglich mit dem Hammer zum Messer geformt. Man kann die Messerform aber auch durch Materialabnahme per Feile oder Bandschleifer herausarbeiten.

Wissenswertes

Wärmebehandlung: Entscheidender Faktor

Damit man Klingenstahl dauerhaft zum Schneiden nutzen kann, muss er gehärtet werden. Dieser Prozess umfasst mehrere Schritte der Wärmebehandlung. Zunächst wird der Stahl erhitzt. Ab einer stahlspezifischen Temperatur zwischen 800 und 1200 Grad wird das Stahlgefüge (der innere Aufbau) in Aufruhr versetzt. Der Kohlenstoff, der bei weichem Stahl ans Eisen gebunden ist, löst und verteilt sich innerhalb des Stahlgefüges. Die dabei entstehende gleichmäßige Struktur wird Austenit genannt.

Kühlt man den Stahl schockartig ab (in Wasser oder Öl, bei manchen Stahlsorten reicht auch kühle Luft), werden die freien Kohlenstoffatome geradezu „überrumpelt": Sie finden nicht mehr in die Ausgangslage zurück und werden im neuen Gefüge (Martensit genannt) eingeklemmt. Genau das macht den Stahl hart. Teilweise wird er dabei so hart, dass man damit Glas ritzen kann. Er würde jedoch zerspringen, wenn er auf den Boden fällt. Durch eine anschließende wohldosierte Wärmezufuhr („Anlassen") löst man das Zuviel an Spannungen auf und erhält einen immer noch harten, aber zäheren Stahl.

Das sogenannte selektive Härten ist ein Sonderfall: Dadurch lässt sich eine Klinge erzeugen, die im Schneidenbereich hart, im Rücken aber weich und elastisch ist. Japanische Katana und Tanto werden traditionell so gehärtet. Dabei entsteht ein „Hamon", eine sichtbare Härtelinie, die den hoch gehärteten Teil der Klinge vom weicheren Teil trennt.

Die Bereiche der Klinge, die weich bleiben sollen (Rücken und Teile der Flanken), werden vor dem Härten mit einer Isolierschicht aus Lehm abgedeckt. Dadurch kühlen sie beim Abschrecken langsamer ab als die Schneide. Der Vorteil: Bevor eine selektiv gehärtete Klinge bricht, findet eine Verformung statt, die teilweise umkehrbar ist. Eine durchgehärtete Klinge hingegen bricht bei Überschreitung ihrer Belastungsgrenze.

Eine solchermaßen abgedeckte Klinge härtet selektiv. Nur der Schneidenbereich wird so abrupt abgekühlt, dass er hart wird.

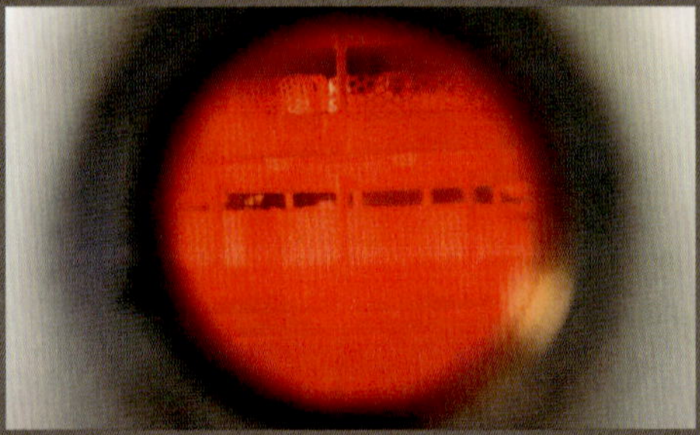

Bei Lohnhärtereien werden Klingen und andere Stahlbauteile in einem Härteofen auf die notwendige Temperatur gebracht.

Dann übernehmen Schleifroboter oder Facharbeiter die Ausformung des Messers, den Grundschliff und alle weiteren Arbeiten wie die Oberflächenbearbeitung und die Griffbefestigung.

Abschließend werden Klinge und Griff nochmals überschliffen und fein geglättet. Dann muss nur noch die Schneide abgezogen werden. Einige Hersteller überprüfen die Vorgaben hinsichtlich des Schneidenwinkels und der Exaktheit des Schliffs mit Hilfe von Lasertechnik. Die Messer bekommen meistens noch das Firmenlogo und Angaben zum Stahl auf die Klinge geätzt, werden verpackt und gehen anschließend in den Verkauf.

Stahlsorten und Fachbegriffe

Die Form und der Querschnitt einer Klinge bestimmen maßgeblich, wie gut man damit schneiden kann. Die Klingengeometrie ist der Geist eines Messers. Doch der Geist kann noch so willig sein – wenn der Körper (und das ist in diesem Fall der Stahl) zu schwach ist, wird das Ganze nichts.

Die Zusammensetzung einer Stahlsorte lässt erkennen, welches Potenzial in ihr steckt. Denn von der Zusammensetzung des Stahls aus Eisen (Fe), Kohlenstoff (C) und weiteren Legierungselementen hängen die wichtigsten Eigenschaften ab: Härte, Verschleißfestigkeit, Zähigkeit, maximale Schärfe und Feinheit, Rostbeständigkeit und Schärfbarkeit. Das mit Abstand wichtigste Element ist der Kohlenstoff. Erst dieser macht das Eisen zum Stahl und sorgt dafür, dass man ein Werkstück härten kann. Dafür sind rund 0,3 Prozent Kohlenstoff im Stahlgefüge notwendig. Nach oben liegt die Grenze bei etwa zwei Prozent.

Klassifizierung von Stählen

Das Wissen über Stähle ist bei den meisten Messernutzern nicht allzu stark ausgeprägt. Stahl ist Stahl, heißt vielfach die Devise. Fragt man jemanden auf der Straße, welche Stähle es gibt, hört man vielleicht „Solinger Stahl“, was Unfug ist, da in Solingen nie Stahl gefertigt wurde. Vielleicht weiß auch jemand, dass es rostfreie und nicht-rostfreie Stähle gibt. Oder Damast – den angeblich besten Stahl überhaupt, aus dem auch die kostbaren und geradezu unbezwingbaren Schwerter der Samurai-Krieger bestehen. Selbst bei Diskussionen unter versierten Messerfans werden die Sachverhalte oft verdreht. Das Thema ist auch tatsächlich sehr komplex.

Die Stahlwerke produzieren definierte Stahlsorten mit einer bestimmten Zusammensetzung. Sie werden in Deutschland mit einer Werkstoffnummer (wie 1.4116) und einer DIN-Bezeichnung versehen (wie X50CrMoV15, dabei handelt es sich um die gleiche Stahlsorte). Parallel existiert die US-amerikanische AISI-Norm, nach der zum Beispiel die Stahlsorten 440C oder 154-CM bezeichnet werden, außerdem die japanischen Stahlsorten wie AUS-8 oder ATS-34 nach dem dortigen JIS-Standard. Alle Systeme und Bezeichnungen existieren parallel und werden munter durcheinander verwendet.

Zu allem Überfluss vermarkten die Hersteller ihre Stähle auch noch mit Handelsnamen wie „Elmax“ (ein pulvermetallurgischer Stahl aus Schweden) oder „M390“ (ebenfalls ein PM-Stahl des österreichischen Herstellers

Wissenswertes

Keramikklingen: Härter als Stahl

Als eine der ältesten Kulturtechniken der Menschheit ist die Herstellung von Keramik tief in unserer Geschichte verwurzelt: Zehntausende Jahre alte Plastiken aus gebranntem Lehm und wahre Kunstwerke aus Porzellan zeugen davon. Mit diesem alten Handwerk hat die Herstellung präziser Keramikklingen allerdings nichts zu tun.

Die moderne technische Keramik, die für leistungsfähige Klingen verwendet wird, besteht aus synthetisch hergestelltem Metalloxid höchster Reinheit und Güte: Zirkonoxidkeramik (Zirkoniumoxid) ist ein Hartstoff, der mit herkömmlichen Schleifmitteln wie zum Beispiel Siliziumkarbid nicht geschliffen werden kann. Ausschließlich Diamant besitzt eine ausreichende Härte, um Keramikklingen schleifen zu können. Um das Klingenmaterial zu formen, werden die oxidkeramischen Partikel bei hohen Temperaturen von weit über 1000 Grad Celsius unter hohem Druck „zusammengebacken". Die Formgebung und der Schliff erfolgen dann mit Diamantschleifmitteln.

Klingen aus Zirkonoxid besitzen eine enorme Härte, mit der kein Stahl mithalten kann. Sie liegt knapp unter der von Diamanten. Außerdem sind Keramikklingen leicht, extrem verschleißfest gegenüber Abrieb und absolut korrosionsbeständig. Ihre Schärfe kann bei richtiger Nutzung Jahre der Verwendung überdauern. Dazu kommt die Glätte des Keramikmaterials, die für einen verringerten Reibungswiderstand beim Schneiden sorgt. Da das Material weder Gerüche abgibt noch annimmt, genügt es, die Messer zur Reinigung unters Wasser zu halten und abzuwischen. Das macht sie zu einem beliebten Material bei Küchenmessern.

Das Arbeiten mit guten Keramikmessern macht Spaß. Sie sind allerdings deutlich bruchanfälliger. Ein unglücklicher Aufprall auf steinigem Untergrund, und schon ist vielleicht die Spitze ab. Auch Hebeleien jeglicher Art sollte man damit unterlassen.

Hochwertige Keramikmesser (hier vom Weltmarktführer Kyocera) halten deutlich mehr Belastungen stand, als man annimmt.

Dieses verschleißende Manilaseil wurde 1.000 Mal geschnitten – ohne einen größeren Schärfeverlust der Keramikklinge zu bewirken.

Böhler). Wenn sich dann auch noch manche Messerhersteller Phantasienamen für ihre Klingenstähle einfallen lassen (wie „XT 80") oder gut klingende, aber nichtssagende Bezeichnungen wie „Chirurgenstahl" verwenden, ist das Chaos perfekt.

Ein ebenfalls häufig verwendeter Begriff ist „Edelstahl". Darunter versteht man umgangssprachlich einen wirklich rostfreien Stahl (meist einen Chrom-Nickel-Stahl wie 18-10, der zum Beispiel für Küchenspülen verwendet wird). Dieses Material ist aber für eine Messerklinge völlig ungeeignet, weil es nicht die nötige Härte mitbringt.

Sogenannte rostfreie Messerstähle müssen einen Chromanteil von mindestens zwölf Prozent aufweisen. Doch auch sie sind nicht wirklich rostfrei. Gibt man sich genug Mühe, bekommt man praktisch jeden Messerstahl zum Rosten. Die korrekten Begriffe sind daher „rostbeständig" oder „rostträge". Bei den für Messerklingen geeigneten Stählen gibt es einige, die besonders rostbeständig sind: 1.4034, 12C27 oder 1.4116 sind zum Beispiel solche Kandidaten.

Ein anderes Charakterisierungsmerkmal von Stählen ist der Grad der Legierung. Unlegiert ist ein Stahl dann, wenn er neben Eisen

Wissenswertes

Pulvermetallurgie: PM-Stahl und -Damast

Die meisten Stähle werden im Stahlwerk erschmolzen, dabei mit den gewünschten Legierungszutaten angereichert und anschließend abgekühlt. Die Herstellung pulvermetallurgischer Stähle läuft anders ab: Die gewünschte Stahllegierung wird zwar wie üblich zunächst erschmolzen und angereichert, dann aber unter Schutzgasatmosphäre durch Düsen zerstäubt und sofort abgekühlt. Die dabei entstehenden Pulverpartikel sind sehr klein. Das Stahlpulver wird anschließend durch heiß-isostatisches Pressen (HIP) zum festen Stahl „gebacken". Die Weiterverarbeitung erfolgt wie bei anderen Stahlsorten.

Dieses Verfahren hat zwei große Vorteile: Erstens werden auch extreme „Backmischungen" realisierbar, die man nicht mehr im Schmelzverfahren herstellen kann. PM-Stähle haben teilweise über drei Prozent Kohlenstoffanteil. Bei normalen Stählen ist bei zwei Prozent Schluss. Zweitens ist das Gefüge bei gleicher Legierungszusammensetzung deutlich gleichförmiger und feiner als beim herkömmlich erschmolzenen Pendant. Ein Beispiel für Stahlsorten gleicher Zusammensetzung, aber unterschiedlicher Fertigung sind ATS-34 und seine PM-Variante RWL-34.

Auf ganz ähnliche Weise entsteht auch pulvermetallurgischer Damast, wie ihn das schwedische Unternehmen Damasteel herstellt. Dabei wird Pulver unterschiedlicher Stahlsorten so aufeinander geschichtet, dass bei der späteren Verarbeitung attraktive Muster entstehen.

Foto: Damasteel

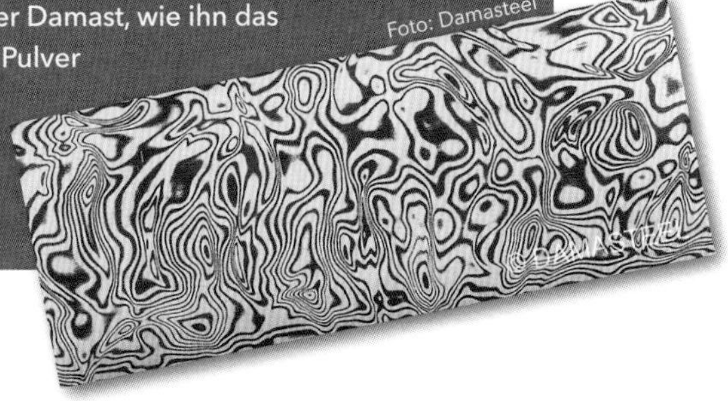

Wissenswertes

Damaszenerstahl: Faszinierender Verbund

Damaszenerstahl oder kurz Damast gilt vielen als das Nonplusultra des Stahls: Wunderschön, hart und zugleich unzerbrechlich soll er sein. Was ist wahr daran?

Der Name Damast ist auf die arabische Stadt Damaskus zurückzuführen. Sie war damals ein bedeutender Handelsort für Blankwaffen. Erfunden wurde die Damastherstellung dort aber nicht. Das erfolgte vermutlich parallel in unterschiedlichen Teilen der Welt.

Fachlich gesehen, ist Damast ein Verbundwerkstoff, also ein Material, das aus unterschiedlichen Stahlarten zusammengesetzt ist. Verbundstähle wurden vor über 2000 Jahren aus reiner Notwendigkeit heraus entwickelt. Denn die in den Rennöfen gewonnenen Stahlstücke waren nicht von einheitlicher Güte und zu klein, um sie für Schwerter zu nutzen. Deshalb fügten die Schmiede kleinere Stahlstücke zu großen Blöcken zusammen und „verschweißten" diese im glühenden Zustand mit Hammerschlägen. Dabei konnten sie auch die unterschiedlichen Eigenschaften verschiedener Stähle, wie Härte und Elastizität, in einer Klinge vereinen.

Die eindrucksvollen Muster, die moderne Damaststähle kennzeichnen, waren zunächst ohne Belang. Das änderte sich erst mit verbesserten Herstellungsmethoden und der gewonnenen Erfahrung. Der überragende Ruf der Damastwaffen stammt vor allem daher, dass nur die besten Schmiede der damaligen Zeit in der Lage waren, anspruchsvolle Muster zu erzeugen. Diese Schmiede hatten auch das nötige Wissen, um die anderen wesentlichen Aspekte einer Waffe wie ihre Gewichtsverteilung, die Geometrie und Härte exakt zu steuern. Waffen aus Damaststahl waren etwas Besonderes. Das Fußvolk musste sich mit einfacherer Qualität zufriedengeben.

Die Herstellung von faszinierenden Mustern steht bis heute im Zentrum der Damastschmiedekunst. Im einfachsten Fall schichtet man unterschiedliche Stahlstücke aufeinander und verschmiedet sie zu einem Paket. Das wird in die Länge „gereckt", dann gefaltet, wieder zusammengeschmiedet und so weiter.

Durch Stempeln und andere Techniken kann der Schmied Muster erzeugen, die später durch das Ätzen der Stahloberfläche zum Vorschein kommen. Aufwändige Mosaikdamaststücke bestehen zum Beispiel aus quadratischen Stäben unterschiedlicher Zusammensetzung, die verschmiedet und anschließend teils noch verdreht oder anderweitig bearbeitet werden.

Die hohe Kunst des Damastschmiedens besteht darin, einen optisch und gleichzeitig leistungsfähigen Stahl zu erschaffen. Dazu müssen die kombinierten Stähle sinnvoll aufeinander abgestimmt sein.

Foto: Lionsteel

nur Kohlenstoff enthält oder die anderen Bestandteile unter sehr geringen Grenzwerten bleiben.

Umgangssprachlich wird ein un- oder niedriglegierter Stahl meist einfach als Kohlenstoffstahl oder Carbonstahl bezeichnet. Opas Arbeitsmesser, das immer so scharf war und sich am unteren Porzellantellerrand wieder nachschärfen ließ, war mit Sicherheit aus einem solch einfachen Stahl gemacht.

Die Legierung hat im Zusammenspiel mit der Wärmebehandlung auch Einfluss darauf, ob im Stahlgefüge Karbide enthalten sind und wie diese aussehen. Karbide sind mikroskopisch kleine Teilchen mit Durchmessern zwischen 1/1000 und 1/20 Millimeter. Sie entstehen aus der Verbindung von Kohlenstoff mit anderen Elementen wie Eisen, Chrom oder Wolfram. Sie sind deutlich härter als das Stahlgefüge, in das sie eingebettet sind.

Karbide bilden sich während des Härtevorgangs und teilweise schon beim Erschmelzen des Stahls. Selbst geringe Zusätze an Chrom, Vanadium oder Wolfram führen zur Karbidbildung. Die Anzahl, Härte, Größe und Verteilung der Karbide im Stahlgefüge bestimmen mit, wie verschleißfest (abriebfest) ein Stahl ist und wie dünn und fein man ihn schleifen kann. Um stabil verankert zu sein, müssen die Karbide von ausreichend Stahl umgeben sein. Sonst brechen sie an einer Messerschneide allzu leicht aus. Stahlsorten mit einer hohen Dichte von großen Karbiden können daher nicht so fein ausgeschliffen werden wie Stähle mit kleinen oder gar keinen Karbiden.

Für Stahl-Gourmets, die auf feinste Schneiden stehen, kommen eigentlich nur Stähle ohne Karbide oder mit einer sehr gleichmäßigen Verteilung von kleinen Karbiden in Betracht. Das sind die un- und niedriglegierten Stähle, die jedoch nicht rostbeständig sind. Es gibt allerdings auch einige hochlegierte rostfreie Stähle, die relativ feinkörnig sind.

Die wichtigsten Stahleigenschaften

Härte

Die Härte einer Klinge wird als HRC-Wert (Hardness Rockwell C = Härte nach der Rockwell-Skala C) angegeben und ermittelt. Dafür wird ein speziell geformter Diamantkegel unter vorgegebenem Druck in den Stahl gepresst. Je geringer die Eindringtiefe des Diamantkegels ist, desto härter ist der Stahl.

Wie hart eine Klinge werden kann, hat maßgeblich mit dem Kohlenstoffgehalt des Stahls zu tun. Bei Messerklingen findet man Werte zwischen 52 und 65 HRC. Ob eine Klinge weich oder hart sein soll, kommt auf den Verwendungszweck an: Eine relativ wei-

Um die Härte einer Klinge zu ermitteln, wird ein Diamantkegel unter vorgegebenem Druck in den Stahl gepresst und anschließend die Tiefe ermittelt.

che Klinge gibt bei zu großer Belastung nach und verbiegt sich dauerhaft. Sie bricht aber nicht. Ein hoch gehärteter Stahl widersteht einer hohen Belastung und verbiegt sich höchstens elastisch. Irgendwann bricht er allerdings. Vor allem schockartige Belastungen und seitliches Verkanten führen bei hoch gehärteten Klingen zu Ausbrüchen an der Schneide. Eine hohe Härte wirkt sich allerdings positiv auf die Standzeit der Schneide aus, also darauf, wie lange die Klinge ihre brauchbare Schärfe behält. Andere Begriffe dafür sind Schneidhaltigkeit oder Schnitthaltigkeit.

Verschleißfestigkeit

Die Verschleißfestigkeit ist ein Gradmesser dafür, wie gut die Schneidkante dem mechanischen Abrieb durch harte und scheuernde Partikel, die im Schneidgut eingelagert sind, widersteht. Das Ausmaß der Verschleißfestigkeit hängt von der Härte und insbesondere auch von der Zusammensetzung des Stahls ab. Im Stahl eingelagerte Karbide sind der entscheidende Faktor.

Muss man Materialien mit harten Einschlüssen schneiden, wie Karton, Sisalseile oder ein Fell, das mit Sand und Steinchen durchsetzt ist, hat eine hohe Verschleißfestigkeit große Vorteile. Je verschleißfester ein Stahl ist, desto länger dauert allerdings auch das Nachschärfen und desto höhere Ansprüche müssen die Schleifmittel erfüllen.

Zähigkeit

Unter Zähigkeit versteht man die Eigenschaft des Stahls, bei harten Schlag- und Biegebeanspruchungen nicht zu brechen oder Risse zu bekommen und diesen Belastungen einen gewissen Widerstand zu bieten. Für die Zähigkeit ist vor allem der molekulare Stahlaufbau von Bedeutung: Je feinkörniger der Stahl, desto zäher ist er. Je grobkörniger ein Stahl ist und je näher er an seinem individuellen Härtemaximum liegt, desto spröder ist er.

Rostbeständigkeit

Säuren und Wasser in Kombination mit Sauerstoff sind die natürlichen Feinde von Stahlklingen, da es zu Oxidationsprozessen kommt. Das Resultat ist Rost. Tritt diese Zersetzung an den Schneidkanten auf (die ja oft nur wenige Tausendstel Millimeter breit sind), kann das zu einer Schwächung und in der Folge zu einem schnelleren Abstumpfen führen.

Rostbeständige Stahlsorten widerstehen der Oxidation deutlich besser als nicht-rostfreie Stähle. Nicht in Karbidform gebundenes Chrom mit einem Anteil von mindestens 10,5 Prozent schafft die Voraussetzung für eine sehr hohe Rostbeständigkeit.

Ein weiterer Vorteil von rostbeständigen Stählen ist die Geschmacksneutralität und die Optik: Nicht-rostfreie Klingen können – besonders beim Schneiden von säurehaltigen Lebensmitteln – einen metallischen Geschmack abgeben und laufen blau-grau an.

Dennoch lassen sich viele Nutzer ihre nicht-rostfreien Klingen nicht ausreden. Das liegt vor allem daran, dass man dem Rostbefall mit der richtigen Pflege durchaus vorbeugen kann und dass nicht-rostfreie Stähle meist sehr gute mechanische Eigenschaften haben. Zudem schützen Beschichtungen relativ wirksam vor Rost. Bei Messern müssen dann nur die Schneidkanten gepflegt werden, da diese nicht beschichtet werden.

Nach dem harten Belastungstest einer selektiv gehärteten Klinge von Tobias Haselmayr: Die schweren Hammerschläge haben die eingespannte Klinge verbogen, sie brach jedoch nicht komplett entzwei.

Bei Liebhabern belastbarer und fein ausschleifbarer Klingen ist nicht-rostfreier Carbonstahl sehr beliebt. Der bedarf jedoch etwas Pflege, sonst sieht er nach einer Nacht in der nassen Lederscheide so aus.

Wissenswertes

Beschichtungen: Schutz vor Rost und mehr

Im Maschinen- und Werkzeugbau beschichtet man Werkzeuge (auch deren Schneiden) häufig mit Materialien, die um ein Vielfaches härter sind als Stahl und eine besonders glatte und daher reibungsarme Oberflächenstruktur haben. Je härter, desto länger kann dem Verschleiß entgegengewirkt werden, und je weniger Reibung, desto weniger Wärme entsteht.

Bei Messern dient die Beschichtung der Klingen vor allem zum Schutz vor Rostbefall. Zudem sollen Beschichtungen bei militärischen Klingen unerwünschte Reflexionen verhindern. Insbesondere bei Kochmessern stehen auch reibungsmindernde Eigenschaften im Fokus.

Besonders häufig werden die folgenden Beschichtungen eingesetzt:

Fluorpolymerbeschichtungen: Zu den herausragenden Eigenschaften dieses Beschichtungsverfahrens (PTFE, FEP, PFA) gehört ein ausgezeichnetes Antihaftvermögen und ein extrem niedriger Gleitreibwert. Teflon ist eine Produktbezeichnung von Dupont und das bekannteste Produkt dieser Kategorie. Die Teflon-Beschichtung ist zudem lebensmittelzugelassen (FDA, EG 1935/2004).

Pulverbeschichtungen: Die zur Pulverbeschichtung verwendeten Pulverlacke basieren vor allem auf Epoxid- oder Polyesterharzen. Das Pulver wird - gegensätzlich - zum Klingenstahl elektrostatisch aufgeladen und mit einer Sprühpistole aufgebracht. Das Pulver schlägt sich am Stahl nieder, haftet dort elektrostatisch an und bildet die Pulverlackschicht. Das Aushärten und beständige Anhaften erfolgt durch anschließendes „Aufbacken" bei Temperaturen von bis zu 200 Grad Celsius.

DLC-Beschichtung (Diamond Like Carbon Coating): Diese diamantähnlichen Kohlenstoffschichten werden im Verfahren der chemischen (CVD) oder physikalischen (PVD) Gasphasenabscheidung aufgebracht, zumeist im Vakuum. Sie bilden eine stark vernetzte Kohlenstoffmatrix und vereinen eine hohe Härte mit hoher Elastizität. Es werden Härten von bis zu 6000 HV (Vickers-Härte) erreicht.

Titanbeschichtungen: Beschichtungen wie Titancarbonitrid (TiCN) oder Titan-Nitrid (TiN) werden im PVD-Verfahren (physikalische Gasphasenabscheidung) aufgebracht. Dabei wird das Beschichtungsmaterial in einem Vakuum stark erhitzt und dadurch gasförmig gemacht. Es kondensiert dann auf der Stahloberfläche.

Wolframkarbidbeschichtungen: Hartmetall-Beschichtungen mit Wolframkarbid erfolgen durch thermisches Spritzen in der Flammspritztechnik oder Hochgeschwindigkeitsflammspritzen. Bei beiden Beschichtungsverfahren wird das Wolframkarbid-Pulver auf die Stahloberfläche aufgespritzt und „verkrallt" sich auf dem zuvor gestrahlten Grundwerkstoff.

Keramische Beschichtungen: Keramikbasierte Beschichtungen sind im Korrosionsschutz, der Abriebsfestigkeit, der Härte und Haltbarkeit sehr überzeugend. Eine bekannte US-Marke ist Cerakote, das mit der Sprühpistole auf die vorher behandelte Metalloberfläche aufgebracht wird und anschließend im Ofen trocknen und aushärten muss.

Foto: Böhler

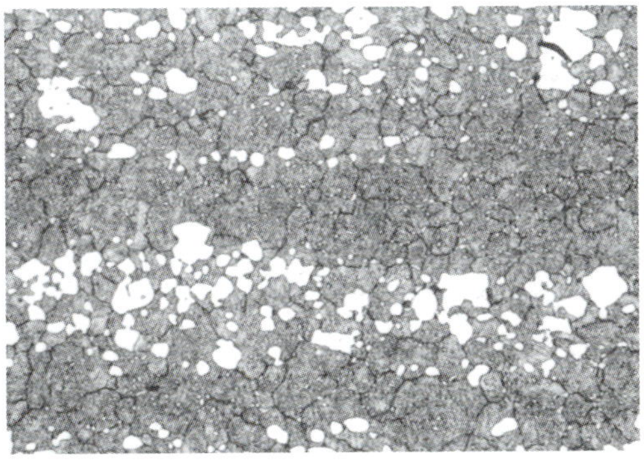

Karbide (weiß) sind härter als das Stahlgefüge und entstehen aus der Verbindung von Kohlenstoff mit anderen Elementen wie Eisen, Chrom oder Vanadium. Hier ein karbidreicher Stahl.

Foto: Sandvik Group

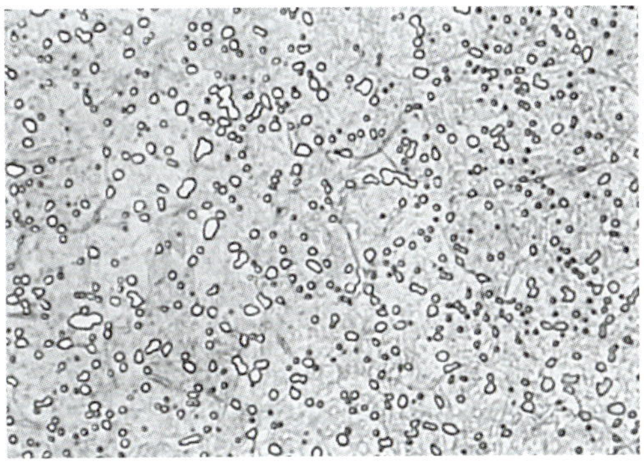

Hier im Vergleich eine Gefügeaufnahme eines gehärteten 12C27-Stahls von Sandvik. Auch hier sind Karbide eingelagert, sie sind jedoch viel kleiner und relativ gleichmäßig verteilt.

Feinheit des Gefüges

Je feinkörniger ein Stahl ist, desto spitzwinkliger und dünner kann man die Schneide schleifen. Das ist entscheidend für die Schärfe einer Klinge. Gleichzeitig lassen sich feinkörnige Stähle auch mit geringerem Aufwand nachschärfen als gröber zusammengesetzte.

Die Feinkörnigkeit wird – eine korrekte Wärmebehandlung vorausgesetzt – von der chemischen Zusammensetzung bestimmt. Unlegierte Kohlenstoffstähle mit einem Kohlenstoffgehalt von unter 0,78 Prozent bilden beim Härten keine Karbide aus. Hier sind feinste Schneidkanten möglich. Höherlegierte Stähle enthalten zwangsläufig Karbide, die nicht zu groß sein sollten und gut in die umgebende Stahlstruktur eingebettet sein müssen. Denn nur dann kommt die von ihnen ausgehende Schutzwirkung und Verminderung des Verschleißes zum Tragen. Das erfordert größere Schneidenwinkel und geht dadurch zu Lasten der maximalen Schärfe einer Klinge.

Kapitelzusammenfassung

Aus dem in den Erzlagerstätten dieser Welt abgebaute Eisenerz erzeugen die Stahlwerke Stahl. Dazu wird dem Eisen zunächst Kohlenstoff beigefügt. Er macht Eisen erst zu Stahl. Durch die Hinzugabe von weiteren Legierungselementen wie Chrom, Mangan, Wolfram, Vanadium oder Niob erschaffen die Ingenieure Hunderte von Stahlsorten, die alle bestimmte Eigenschaften haben.

Stahl ist der Körper und das Herz eines echten Messers. Derzeit gibt es kein Material, das so viele gute Eigenschaften mit sich bringt. Messermacher und Schmiede formen den Stahl schleifend beziehungsweise hämmernd um und geben ihm so eine bestimmte Messerform.

Damit man Stahl dauerhaft zum Schneiden nutzen kann, muss er gehärtet werden. Dazu wird der Stahl einer definierten Wärmebehandlung unterzogen, der sein Potenzial zur

Wissenswertes

Legierungsbestandteile: Wie sie wirken

Im einfachsten Fall besteht Stahl aus Eisen (Fe) und dem Legierungselement Kohlenstoff (C). So einfach diese Kombination ist, so gut ist sie auch. Durch die feindosierte Beimengung von weiteren Legierungselementen lassen sich die Eigenschaften eines Stahls (zum Beispiel die Rostbeständigkeit) verbessern. Die Legierungsbestandteile sorgen für bestimmte Wirkungen im Stahl, wobei es auch Wechselwirkungen und sinnvolle Obergrenzen gibt. Der Grundsatz „Viel hilft viel" gilt bei Stahllegierungen nicht oder nur sehr eingeschränkt.

Kohlenstoff (C) ist das wichtigste Legierungselement: Sein Zusatz in Anteilen von 0,3 bis 2,0 Prozent macht aus Eisen Stahl. Ab einer Kohlenstoffkonzentration von mindestens 0,3 Prozent wird Stahl härtbar. Während Festigkeit und Härtbarkeit des Stahls mit zunehmendem Kohlenstoffgehalt steigen, nehmen Dehn-, Schmied-, Schweißbarkeit sowie die Zähigkeit ab.

Kobalt (Co) bildet keine Karbide, verbessert aber die Warmfestigkeit und verfeinert das Gefüge des Stahls. Es wird gern bei sogenannten Schnellarbeitsstählen eingesetzt, die für Werkzeuge verwendet werden, die einer hohen Temperaturbelastung ausgesetzt sind.

Chrom (Cr) ist ein wichtiges Legierungselement. Ab 10,5 Prozent Chrom in der Grundmasse gilt ein Stahl als rostbeständig. Mit Kohlenstoff, Eisen, Wolfram und Molybdän bildet Chrom harte (Misch-) Karbide, die die Verschleißfestigkeit erhöhen.

Mangan (Mn) gilt erst ab 0,5 Prozent als Legierungselement. Es verbessert die Härtbarkeit, die Festigkeit sowie die Schmied- und Schweißbarkeit.

Molybdän (Mo) bildet unter anderem sehr harte Karbide, verbessert die Härtbarkeit, erhöht die Korrosionsbeständigkeit und verringert die Sprödigkeit.

Niob (Nb) ist ein starker Karbidbildner und steigert die Festigkeit und Zähigkeit von Stahl. Es macht das Stahlgefüge auch feinkörniger.

Nickel (Ni) erhöht im Verbund mit Chrom die Korrosionsbeständigkeit. Es wird vor allem bei rostfreien Edelstählen eingesetzt.

Phosphor (P) ist eine unerwünschte Verunreinigung, der Gehalt wird so weit wie möglich reduziert.

Schwefel (S) tritt ebenfalls vor allem als Verunreinigung auf. Manchen Stahlsorten wird er allerdings zur besseren Bearbeitbarkeit zugesetzt.

Silizium (Si) gilt erst ab 0,5 Prozent als Legierungselement und wirkt sich positiv auf Biege- und Verschleißfestigkeit aus. Es ist ein typisches Legierungselement für Federstähle.

Vanadium (V) und **Wolfram (W)** bilden sehr harte Karbide. Beide Legierungsbestandteile werden gern für Werkzeugstähle eingesetzt, die hohen mechanischen Belastungen ausgesetzt sind.

Geltung bringt und bestimmt, ob der Stahl weich oder hart, zäh oder spröde wird. Die maßgeblichen Schritte sind dabei das Erhitzen auf eine bestimmte Temperatur, das anschließende abrupte Abkühlen und nachfolgend mehrere schonende Erwärmungsphasen.

Stähle lassen sich nach der Art der Herstellung (herkömmlich erschmolzen vs. pulvermetallurgisch erzeugt) einordnen, nach dem prozentualen Anteil der Legierungselemente (unlegiert vs. niedrig- und hochlegiert) und auch nach dem Ausmaß der Korrosionsbeständigkeit (rostbeständig vs. nicht-rostfrei).

Damaststahl besteht aus unterschiedlichen Stahlsorten, die zunächst lagenförmig geschichtet und anschließend durch Hitze und Umformung miteinander verbunden werden.

Zu den wesentlichen Eigenschaften von Klingenstahl gehören die erreichbare Härte, der Grad der Verschleißfestigkeit, die Zähigkeit, die Feinheit des Gefüges und die Rostbeständigkeit. Einige dieser Parameter stehen zueinander in einem Zielkonflikt. So sind besonders harte und verschleißfeste Stähle nicht allzu zäh und dementsprechend bruchgefährdet. Stähle mit besonders feinem Gefüge sind in der Regel mechanisch hoch belastbar und fein ausschleifbar, können jedoch rosten und sind nicht so verschleißfest. Wie oft im Leben gilt es, einen Kompromiss zu finden.

Pulvermetallurgisch erzeugte Stähle (hier: Damasteel an einem Jagdmesser von Heiner Schmidbauer) haben eine feinere Gefügestruktur als herkömmlich erschmolzene Stähle gleicher Legierung.

ATS 34 - SUPER EDGE I
LANSKY
KING
GOLD STONE
MADE IN JAPAN
VICTORINOX
WORK SHARP

Schärfe im Fokus

Sind Sie auch schon mal über einen Jahrmarkt gelaufen und fasziniert an einem Schleifstand stehen geblieben? Dort, wo die Händler lauthals ihre Schleifsteine anpreisen und zum Beweis die Messer der Marktbesucher in kürzester Zeit so scharf machen, dass von den bereit gehaltenen Testpapierstreifen nur noch Konfetti übrig bleibt. Ist Messerschleifen denn tatsächlich so einfach?

Zumindest fast... Die Schleifsteinverkäufer haben ein Gespür für die Messer, die man ihnen gibt, und wissen natürlich genau, was sie tun müssen: Mit rau-effektiven Schleifmitteln versetzen sie den Messern in kurzer Zeit einen Anschliff, der zum Schneiden von Papier ausreicht: Das sieht erst einmal beeindruckend aus und dürfte für die allermeisten Messerbesitzer eine ganz neue Schärfeerfahrung bedeuten.

Für hochwertige Schneidwerkzeuge muss es aber genauer und feiner sein. Daraus kann man eine Wissenschaft machen – muss man aber nicht. Denn ob man die Klinge nun mit einem rauen Schleifstein oder einem sorgfältig gewässerten japanischen Wasserstein schärft, das Ziel ist dasselbe: Die Schneidfasen müssen zusammenlaufen und dabei eine angemessen dünne Kante bilden. Dazu muss man Stahl abnehmen.

Stumpf vs. scharf

Selbst eine perfekt geschärfte Klinge aus dem härtesten Stahl verliert irgendwann ihre Schärfe. Denn die feine Schneidkante ist nicht unendlich belastbar: Sie bricht an besonders belasteten Stellen aus, knickt um, nutzt sich ab

Wissenswertes

Schärfe: Erkenntnis eines Präsidenten

Abraham Lincoln verdiente zu Beginn seiner Politikerlaufbahn noch Geld als Holzarbeiter und war bis zum – gewaltsamen – Lebensende ein leidenschaftlicher Schnitzer. Zur Bedeutung der Schärfe hatte er eine klare Meinung. Lincoln soll gesagt haben: „Gebt mir sechs Stunden Zeit, um einen Baum zu fällen, und ich verbringe die ersten vier damit, meine Axt zu schärfen."

Seine Erkenntnis: Wer eine anspruchsvolle Aufgabe zu erledigen hat, braucht ein effizient geformtes und gut geschärftes Werkzeug.

Vorsicht scharf! Wobei eine scharfe Klinge kontrollierter eingesetzt werden kann als eine stumpfe, was wiederum Sicherheit bringt.

Mit einer gut geformten und geschliffenen Klinge (hier das „South Fork" von Spyderco) gehen auch anspruchsvolle Schneidarbeiten leicht von der Hand.

oder wird von Rost angenagt – wodurch sie immer weiter nach oben wandert und breiter wird. Und je breiter die Schneidkante ist, desto mehr Kraft muss man aufwenden, um die Molekülverbindungen des Schneidguts voneinander zu trennen.

Spätestens dann, wenn beim Schneiden ein erhöhter Kraftaufwand spürbar wird, ist es Zeit, etwas zu tun. Was das ist? Schleifen! Man muss Material abnehmen und dadurch die Schneidkante neu formen. Dazu braucht man ein Schärfmedium: Das muss härter sein (oder härtere Bestandteile besitzen) als der Klingenstahl und dazu eine gewisse Rauigkeit (die sogenannte Körnung) aufweisen. Grobkörnige Schleifmittel nehmen schnell und relativ unkontrolliert Material ab, besonders feine Schleifmittel führen zu einer Politur und einer extrem glatten Oberfläche. Stahl wird dabei kaum noch abgetragen.

Die wichtigsten Schärfgeräte und ihre Handhabung

Weltweit kommen die unterschiedlichsten Schleifmittel zum Einsatz – von Natursteinen wie dem Arkansas Stone oder dem Belgischen Brocken über diamantbeschichtete Schleifsteine bis hin zu Siliziumkarbidschleifpapier, synthetischen japanischen Wassersteinen und Wetzstählen. Sie unterscheiden sich in den schleifenden Bestandteilen und insbesondere auch in der Form, in der sie angeboten werden.

Schärfsteine

Das Schleifen auf einem Stein ist die Königsdisziplin. Warum? Ganz einfach: Wer das freihändige Schleifen auf dem Stein beherrscht, ist unabhängig und bekommt sein Messer zur Not auch mit einem flachen Flusskieselstein (der typischerweise harte Mineralien enthält) wieder scharf.

• Japanische Wassersteine: Wassersteine heißen deshalb so, weil sie vor dem Schleifen gewässert werden müssen und während des Schleifens immer wieder mit Wasser benetzt werden. Japanische Wassersteine gibt es in allen erdenklichen Körnungen: Werte von 60 bis 800 bezeichnen grobe Steine, die für Reparaturen oder das Umschleifen der Geometrie verwendet werden. Klingen, die zwar schon stumpf, aber noch intakt sind, schleift man mit mittleren Körnungen von 800 bis 2000. Der Feinschliff und das Polieren erfolgen mit Körnungen von 2000 bis 10.000.

Es gibt Natursteine, die in Steinbrüchen abgebaut werden, und synthetisch hergestellte Wassersteine. Hoch qualitative Natursteine sind ein Luxusobjekt, da sie sehr selten und daher teuer sind. Noch heute werden in Japan die feinsten Steine zur Schwertpolitur benutzt. Natürliche Schleifsteine enthalten oft Granatpartikel (Silikat) oder eingelagerte Korunde als Schleifkorn. In künstlich hergestellten Wassersteinen werden Granulate aus Aluminiumoxid, Siliziumkarbid oder Chromoxid verwendet. Diese Steine sind durchgehend mit den Schleifkornpartikeln durchsetzt.

Natürliche oder mit Kunstharz gebundene Steine sind weicher und nutzen sich schneller ab als keramisch gebundene Steine, die langsamer verschleißen. Vor- und Nachteil der weicheren Bindungen: Durch die rasche Abnutzung werden ständig neue Schleifpartikel frei-

Japanische Wassersteine werden vor dem Einsatz gewässert, das füllt das poröse Material. Während des Schärfens hält man sie feucht.

Der Belgische Brocken ist ein Naturstein, der auf einer Trägerschicht befestigt wird. Er überzeugt mit einem feinen Schliffbild und guter Rückmeldung.

Arkansas-Schleifsteine enthalten Quartz und Granat als Schleifkorn. Man verwendet sie üblicherweise mit Öl und nicht mit Wasser.

Foto: RH preyda Co.

Diamantschärfsteine gibt es in unterschiedlichen Körnungen und Qualitäten. Der Hersteller DMT (hier das Modell „Duo Sharp") hat einen guten Ruf.

Foto: DMT

gelegt und die gelösten Schleifpartikel wirken wie eine Schleifpaste. Der Verschleiß schreitet bei weicher gebundenen Schleifsteinen allerdings schneller voran als bei den harten Bindungen. Für besonders harte und verschleißfeste Stähle empfiehlt man weichere Bindungen, für die normalen Stähle eher harte Bindungen.

• Belgischer Brocken: Dieser Stein wird in den belgischen Ardennen abgebaut. Das Sedimentgestein entstand vor etwa 480 Millionen Jahren aus vulkanischer Asche und Ton und enthält hohe Anteile an relativ feinen, facettierten Granaten mit Durchmessern zwischen 0,005 und 0,02 Millimetern. Der Belgische Brocken wird mit Wasser benutzt und ist bestens für den Feinschliff geeignet. Das Schärfbild entspricht japanischen Wassersteinen der Körnungen 600 bis 2500.

• Arkansas-Ölstein: Arkansas- oder Washita-Stein ist die Bezeichnung für Novaculit. Das feinkörnige Kieselgestein ist sehr spröde, hart und formbeständig und enthält als Schleifkorn Quarz und Granat. Novaculit wird vor dem Schleifen mit dünnflüssigem, nicht harzendem Öl oder Petroleum behandelt. Abgebaut wird Novaculit in den USA, vor allem in Arkansas und Oklahoma. Die Ureinwohner Amerikas verwendeten das Gestein für Pfeil- und Speerspitzen.

• Keramik-Schleifsteine: Die meisten synthetisch hergestellten keramischen Schleifsteine und Schleifstäbe (wie beim „Sharpmaker" von Spyderco) bestehen aus Aluminiumoxid-Verbindungen (Korund). Der durch geringe metallische Beimengungen rot gefärbte Korund ist auch als „synthetischer Rubin" im Handel. Keramik-Schleifsteine werden trocken benutzt, sind sehr hart und in vielen unterschiedlichen Körnungen erhältlich.

• Diamantbeschichtete Schleifsteine: Diamant ist das härteste bekannte Material und wird daher auch zum Schleifen verwendet. Hochwertige Diamantschleifsteine bestehen aus Aluminium- oder Stahlblöcken, die mit Diamantgranulat (in einer Trägersubstanz) beschichtet werden. Es gibt sie von sehr fein bis rau. Die anfänglich besonders hohe Aggressivität bei der Materialabnahme pendelt sich nach einiger Zeit ein. Gute diamantbeschichtete Schleifsteine halten sehr lange, wenn man sie sorgsam benutzt: Man schleift nur mit geringem Anpressdruck, sonst brechen die Körner aus der dünnen Beschichtung aus. Diamantschärfer können trocken oder mit Wasser verwendet werden.

Wetzstahl und Wetzstab

Ein Wetzstahl besteht in der Regel aus einem Griff und einem Stab aus hoch gehärtetem Stahl. Dieser kann hartverchromt sein, wodurch die Oberfläche des Stabs nochmnal etwas härter wird. Typisch ist auch eine gewisse Rauigkeit des Stabs, die je nach Modell sehr grob sein kann.

Von der Form her gleich sind keramische Messerschärfer, deren Schleifstab aus einem Granulat aus Aluminiumoxid besteht. Die gibt es von günstig bis relativ teuer. Die nur wenige Euro teuren Exemplare – zum Beispiel aus einem bekannten schwedischen Möbelhaus – sind vom Material her dünner und nicht im-

Der Wetzstab Sieger Longlife (oben) liefert ein schnelles und gutes Ergebnis für die Schärfe zwischendurch. Er ist für Küchenmesser genauso geeignet wie für Klappmesser oder andere Messer mit glatter Schneide.

Mit Schärfgeräten wie dem Spyderco „Sharpmaker" bekommen auch Anfänger ihre Messer wieder scharf. Hier wird der Schleifwinkel durch die Verankerung der Dreiecksstäbe in der Basisplatte vorgegeben.

mer ganz sauber gearbeitet. Am oberen Ende rangieren Schleifstäbe wie der „Sieger Longlife“ mit rötlichem Aluminiumoxid-Granulat-Stab, der zu empfehlen ist.

Bei der Arbeit mit dem Wetzstab wird stets die Klinge und nicht der Stab bewegt. Man kann den Wetzstab vor sich halten und die Klinge im gewünschten Winkel darüber ziehen – einmal weg von sich und dann wieder her zu sich. Den Stab kann man auch senkrecht vor sich auf den Tisch stellen und die Klinge im gewünschten Winkel rechts und links daran hinabgleiten lassen. Man kann aber auch den Wetzstab gekippt aufsetzen und das Messer in senkrechter Linie herab bewegen.

Wichtig beim Schleifen mit dem Wetzstab ist, die Klinge möglichst sanft aufzusetzen, den Winkel zu halten und ohne allzu viel Druck zu arbeiten. Das gilt auch für alle anderen Schleifmethoden. Grundsätzlich wird immer gegen die Schneide gearbeitet, nie mit der Schneide! Das gilt für alle Schärfmethoden mit einer Ausnahme: Nur beim Abziehen eines (Rasier-)Messers auf dem Lederriemen zieht man die Schneide hinterher.

Schärfgeräte

Schärfgeräte sind so konstruiert, dass man ohne größere Vorkenntnisse und handwerkliche Fähigkeiten zu einem guten Ergebnis kommt.

• Hartmetall- und Schleifrollenschärfer: In Baumärkten, Möbelhäusern und bei Schneidwarenhändlern sieht man häufig Vorrichtungen, die man auf den Tisch stellen kann und bei denen man die Klinge durch einen Schlitz zieht. Das hört sich so einfach an, wie es ist. Es ist tatsächlich kinderleicht. Das einzige, was man dazu können muss, ist die Klinge gerade zu halten.

Die Schleifarbeit erledigen harte Schleifeinsätze, die in einem bestimmten Winkel zueinander stehen und an denen man die Klinge in einem bestimmten Winkel vorbei zieht. Bei manchen Schnellschärfern bestehen diese Einsätze aus Hartmetall, was zu sehr großem Materialabtrag führen kann. Bei Schleifrollenschärfern zieht man die Klinge durch einen Schlitz und setzt dadurch Keramikrollen in Bewegung, die von beiden Seiten her Klingenmaterial abnehmen.

Sind diese Geräte nicht fein justiert oder mit zu aggressiven Schleifeinsätzen versehen, erhält man eine sehr grobe Schneide. Doch es gibt auch hochwertige Geräte. Selbst diese sind jedoch in ihrem Anwendungsspektrum begrenzt.

• V-Schärfer und Schärfgeräte mit Schleifsteinführung: V-Schärfer bestehen meistens aus einem Grundgestell und Schleifstäben unterschiedlicher Körnung. Der „Sharpmaker“ des US-Unternehmens Spyderco ist eines der bekanntesten Geräte dieser Art. In der Grundvariante besteht es aus einer Basisplatte und zwei Paar Schleifstäben, die aus Aluminiumoxid-Keramik gefertigt sind. Die dunklen Stäbe sorgen für einen mittleren Materialabtrag und sind auch zum Nachschärfen geeignet. Die weißen Stäbe sind feiner und nehmen nur wenig Material ab. Sie sind zum Scharfhalten oder zum Glätten eines Schliffs geeignet.

Die Stäbe können so im Basisteil verankert werden, dass sie in Winkeln von 30 Grad oder

40 Grad zueinander stehen. Die dadurch möglichen Schliffwinkel von 15 beziehungsweise 20 Grad sind für fast alle Messer und Einsatzzwecke praktikabel. Die Anwendung ist denkbar einfach: Alles, was man tun muss, ist die Klinge in einer Abwärtsbewegung an den Stäben entlang zu führen. Selbst Wellenschliffklingen und nach innen gekrümmte Schneiden lassen sich damit schärfen. Zusätzlich zur Basisausstattung gibt es besonders feine Schleifstäbe und sehr wirksam abtragende Diamant- und Bornitrit-Schleifstäbe.

Als Alternative dazu gibt es einige Schärfgeräte, bei denen das Messer in einer Klemm- oder Schraubvorrichtung fixiert wird und die Schleifsteine bewegt werden. Der Winkel, in dem die Schleifsteine geführt werden, kann dabei meist in zahlreichen Abstufungen festgelegt werden. Besonders lange Klingen müssen jedoch während des Schärfens umgespannt werden. Zu den bekanntesten Herstellern dieses Schärfgerätetyps gehören Lansky und Wicked Edge. Auch diese Schärfgeräte garantieren aufgrund ihrer durchdachten und hochwertigen Schleifsteinzusammenstellung und der soliden Konstruktion gute Ergebnisse ohne besondere Vorkenntnisse.

Behelfsmäßige Schleifmittel

Auch mit Haushaltsmitteln oder Fundstücken lassen sich Klingen schärfen. So ist es kein Märchen, dass Messer früher am unteren Tellerrand unglasierter Porzellanteller abgezogen wurden. Denn Porzellan enthält unter anderem Quarze mit Schleifwirkung. Zu empfehlen ist das jedoch nur im Notfall – oder zum Spaß.

Sehr gute Ergebnisse kann man mit wasserbeständigem Schleifpapier und stabilerem Schleifleinen erzielen. Der Trägerstoff der Schleifmittel ist meist mit harten Siliziumkarbid-Partikeln beklebt. Um eine plane Auflagefläche zu bekommen, befeuchtet man eine Glasplatte mit Wasser und legt das Schleif-

Wissenswertes

Körnungen: Rau muss sein

Die Körnung eines Schleifmittels gibt Aufschluss darüber, wie groß die verwendeten Schleifkörner sind. Grundsätzlich gilt: Je größer die Zahl der Körnung, desto kleiner die Schleifkörner und desto feiner die Materialabnahme und der Schliff. Die europäischen Normierungen (FEPA P für Schleifpapier und FEPA F für Schleifsteine) und die japanischen Normierungen (JIS) basieren jedoch auf unterschiedlichen Maßeinheiten und sind nicht direkt vergleichbar.

P500 bei Schleifpapier entspricht etwa einer F320-Körnung bei europäischen Schleifsteinen und einer J600-Körnung in Japan. Anders ausgedrückt: Die Schleifpartikel haben bei diesen Werten etwa einen Durchmesser von 0,03 Millimetern. 1500er Schleifpapier hingegen entspricht einer 500er Körnung bei einem europäischen Schleifstein und einer 1200er Körnung bei einem japanischen Schleifstein (beziehungsweise einem Schleifkorn-Durchmesser von 0,013 Millimetern).

Zum Schärfen der konvexen Schneidenbereiche an Wellenschliffklingen gibt es spezielle Schärfstäbe wie den „Veff Sharp" von CRKT. Man kann auch mit Schleifpapier umwickelte Rundstäbe verwenden.

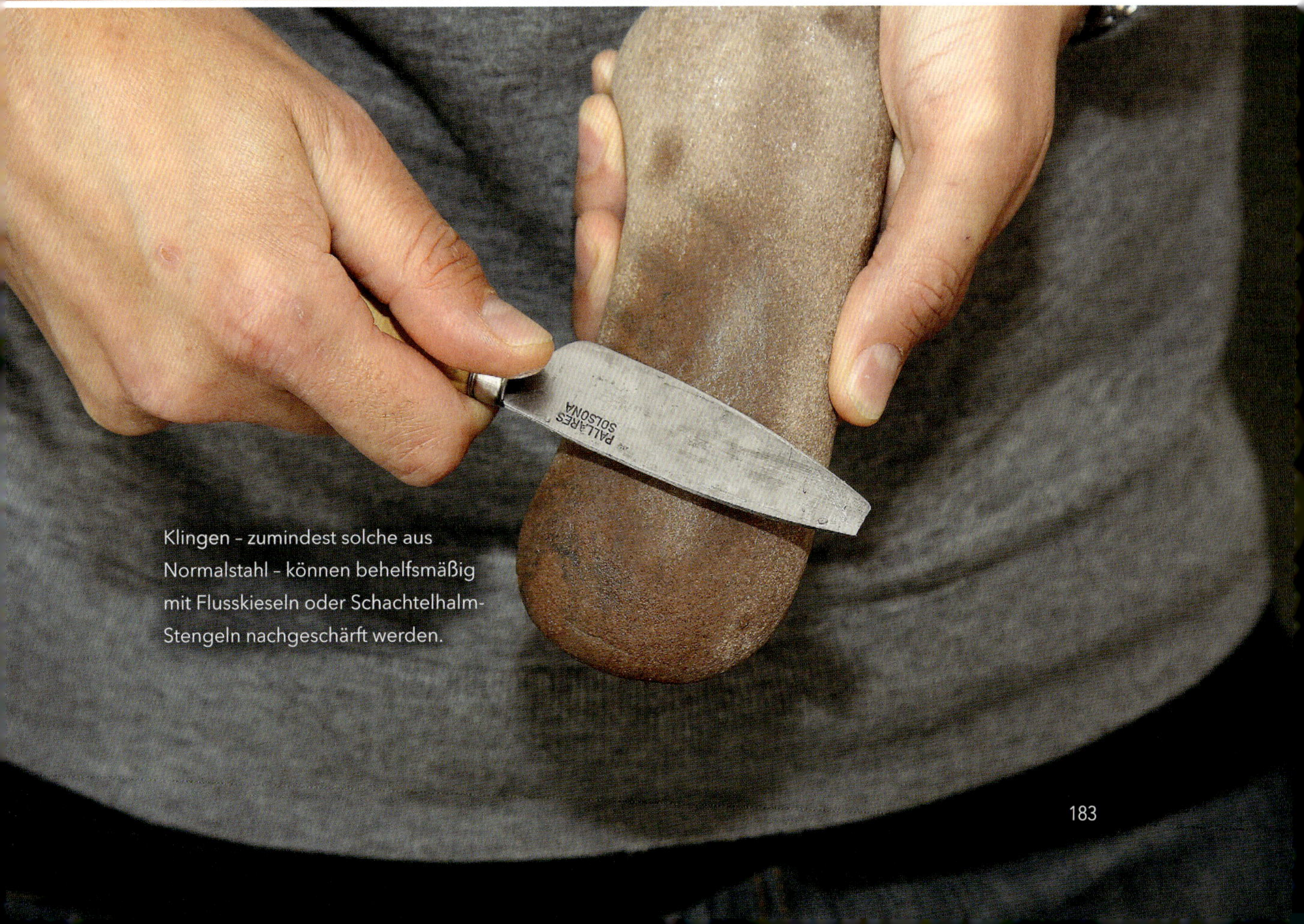

Klingen – zumindest solche aus Normalstahl – können behelfsmäßig mit Flusskieseln oder Schachtelhalm-Stengeln nachgeschärft werden.

papier darauf. Es saugt sich förmlich an. Man kann das Schleifpapier aber auch über ein Buch spannen oder behelfsmäßig auf dem Oberschenkel fixieren. Schleifpapier gibt es in besonders vielen Körnungsabstufungen.

Auch die vielzitierten Flusskiesel taugen gut zum behelfsmäßigen Schärfen von Klingen, da sie häufig aus harten Quarzkörnern bestehen. Selbst verschleißfeste Stähle lassen sich so schärfen. Anschließend sollte man der Klinge aber wieder einen professionellen Schleifstein gönnen.

Profi-Tipps für Schleifanfänger

Der Zeitpunkt fürs Schärfen ist spätestens dann erreicht, wenn man unzufrieden mit dem Schnittverhalten des Messers ist. Man muss jedoch nicht so lange warten, bis die Abnutzung der Schneide ein Stadium erreicht hat, in dem die Leistung spürbar eingeschränkt ist. Profis halten ihre Messer kontinuierlich in einem guten Zustand. So hat man immer eine scharfe Klinge und schont diese noch dazu.

Ist eine Klinge erst einmal abgestumpft, muss man mit groben Schleifmitteln viel Material abnehmen. Zum Scharfhalten jedoch reicht ein feinkörniger Schleifstein aus, mit dem man kontrolliert sehr wenig Material abnimmt. Zudem ist der Zeitaufwand fürs Scharfhalten minimal. Regelmäßig ein paar Züge über den Schleifstein oder Wetzstab reichen aus.

Keine Angst vorm richtigen Winkel

Die größte Sorge bereitet Schärfnovizen der konstante Schärfwinkel, den man einhalten sollte. Nicht jeder schätzt auf Anhieb richtig ein, wie weit man den Klingenrücken anheben muss, um die Klinge mit 15, 17 oder 20 Grad (oder welchem Winkel auch immer) zu schleifen. Und selbst wenn man das könnte, muss man immer noch die Schleifbewegung so ausführen, dass der Winkel konstant bleibt.

Doch Angst vor dem freihändigen Schärfen braucht man wirklich nicht zu haben. Üben Sie das Schärfen zunächst mit günstigen Messern und einem preiswerten Einsteiger-Messerschärfset, wie es zum Beispiel vom deutschen Unternehmen Zische hergestellt wird. Sägen Sie aus Holz Winkeldreiecke aus, mit denen Sie den Schleifwinkel immer wieder überprüfen können. Legen Sie zur Feststellung des Schärfwinkels ein Geodreieck am Stein an.

Alternativ dazu kann man den Abstand, den der Messerrücken vom Schleifstein haben sollte, mit folgender Formel berechnen: Die Breite der Klinge wird geteilt durch 3, 4, 5 oder 6. Das Ergebnis entspricht der Distanz zwischen dem Schleifstein und dem Messerrücken für die Schleifwinkel 20, 15, 12 oder 10 Grad (in dieser Reihenfolge).

Eine 30 Millimeter breite Klinge muss man für einen Schleifwinkel von 20 Grad also so weit anheben, dass sich der Rücken zehn Millimeter über dem Schärfstein befindet (30 geteilt durch 3). Um die selbe Klinge mit 15 Grad zu schleifen, hebt man die Klinge nur so weit an, dass die Höhe über dem Schleifstein 7,5 Millimeter beträgt (30 durch 4).

Es geht aber auch mit Gefühl: Legen Sie die Klinge flach auf den Schleifstein auf. Heben Sie den Rücken allmählich an, machen Sie eine Schleifbewegung und erspüren Sie dabei

Zum fachgerechten Nachschliff eines Skandi-Messers stellt man die Klinge so an, dass die gesamte Schneidfase (hier gibt es keine Sekundärfase) aufliegt.

Viele Menschen scheuen sich vor dem Schärfen, weil der erste Schritt - das Finden des richtigen Anstellwinkels - zunächst abschreckt. Selbst gefertigte Winkel-Hilfen machen den Einstieg leicht.

den Moment, an dem die Schneide sich gerade anschickt, in den Schleifstein zu greifen. Das wäre der richtige Winkel, um die vorhandene Schneidengeometrie nachzuschärfen. Oder stellen Sie sich vor, sie wollen einen feinen Span abnehmen. Auch das passt meistens sehr gut. Erfahrene Messerschärfer hören, wenn die Klinge richtig steht.

Der Edding-Trick

Bei Klingen mit Sekundärfase (dem abgesetzten Schneidenbereich), wie sie typisch für die meisten Flach- und Hohlschliffklingen ist, ist der zu schleifende Bereich selten breiter als ein bis zwei Millimeter. Die Schneidfasen sind meist gut zu erkennen. Sie werden als Hilfe mit einem Permanentmarker von Anfang bis Ende angemalt. Die Farbe lässt man kurz trocknen. Dann beginnt man mit dem Schleifen. Wird die Farbe komplett bis zur Schneidkante abgerieben, hat man den richtigen Winkel. Wird die Farbe nur an der untersten Kante abgeschabt, hat man den Rücken etwas zu weit angehoben. Entfernt man durchs Schleifen nur den oberen Bereich der Kennzeichnung, führt man die Klinge zu flach.

Für den Anfang ist dieser Trick sehr hilfreich! Zumindest als Schleifanfänger sollte man die Schneidfasen auch zwischendurch immer wieder anmalen. So kann man sicher

Wissenswertes

Der richtige Schleifwinkel: Mit Computerhilfe

Wer auf ein Tabellenprogramm wie Excel Zugriff hat, die Breite seiner Klinge kennt und weiß, in welchem Winkel er sie schleifen will, kann exakt bestimmen, wie weit er dazu den Klingenrücken anheben muss.

Legen Sie folgende drei Felder an: Schliffwinkel in Grad (entspricht bei beidseitigem Anschliff dem halben Schneidenwinkel), Klingenhöhe in Millimetern (Abstand zwischen Schneide und Rücken), und Abstand in Millimetern (einzuhaltender Abstand zwischen dem Schleifstein und dem Klingenrücken). Jedes dieser Felder hat eine eindeutige Zuordnung in Form von Buchstaben (Spalte) und Zahlen (Zeile). Das letzte Feld belegen Sie mit folgender Funktion (einzutragen sind nur noch die Buchstaben und Zahlen der Felder):
=SIN(Feld_Schliffwinkel/360*2*PI())*$Spalte_Klingenhoehe$Zeile_ Klingenhoehe

C2 =SIN(A2/360*2*PI())*B2

	A	B	C
1	Schliffwinkel in Grad	Klingenhoehe in mm	Abstand in mm zw. Schleifstein und Klingenlaengsachse
2	40	25	16,0696902422

Der sogenannte Edding-Trick hilft beim Erkennen und Einhalten des richtigen Schleifwinkels. Die Schneide wird markiert. Wird die Markierung komplett abgerieben, schärft man mit dem richtigen Winkel.

Wer keinen Erfolg beim Schärfen hat, nutzt unter Umständen zu feinkörnige Schleifmittel. Sensenwetzsteine oder Schruppsteine (hier von Zische) sind rau und nehmen dadurch schnell Material ab.

sein, dass man an der richtigen Stelle schleift. Mit der Zeit bekommt man ein Gespür für den richtigen Winkel. Wer keinen Edding zu Hause hat, dafür aber eine stark vergrößernde Lupe, kann sich auch die Schleifspuren anschauen, die durchs Schärfen erzeugt werden. Schleifen Sie so lange, bis die Klinge wieder scharf ist oder ein Grat entsteht.

Der Grat

„Der Grat ist dein Freund", sagen erfahrene Messerschärfer. Bei diesem „Freund" handelt es sich um einen dünnen, kaum sichtbaren, dafür aber meistens fühlbaren Metallaufwurf. Der entsteht beim Schleifen, wenn man die eine Schneidfase so weit „getrieben" hat, dass sie auf die andere Schneidfase trifft und dort übersteht. Der Grat wirft sich auf der Seite auf, die der geschliffenen Fase gegenüberliegt. Zum Ertasten eignet sich die Daumenkuppe hervorragend.

Während des Schleifens fühlt man immer wieder, ob sich ein Grat aufgeworfen hat. Ist das auf ganzer Länge der Fall, schleift man die andere Schneidfase so lange, bis der Grat einmal komplett die Seite gewechselt hat. Das dauert meistens nicht besonders lange. Damit ist der Zeitpunkt erreicht, zur nächst feineren Schleifsteinkörnung überzugehen.

Zuvor sollte man nur noch den Grat entfernen. Man kann dazu die Schneidfasen der Klinge noch einmal ohne Druck in kontinuierlichem Wechsel am Schleifstein entlang führen. Zehn bis 20 Züge sollten zur Gratabnahme reichen.

Je weiter man beim Schleifen vorankommt und je feiner die Schleifkörnungen werden, desto kleiner wird der Grat, der sich aufwirft. Das Prozedere des Gratabnehmens sollte man dennoch beibehalten – auch wenn man ihn nicht spürt.

So weit die Theorie, die für viele auch in der Praxis funktioniert. Doch nicht alle Stähle bilden einen deutlich spürbaren Grat. Im Zweifel hilft der Edding-Trick dabei festzustellen, ob man auf eine feinere Körnung umsteigen kann.

Noch ein wichtiger Tipp zum Schluss: Wenn Sie eine abgenutzte Schneide schleifen und schleifen und dabei sicher sind, dass sie auch an der richtigen Stelle und im richtigen Winkel schleifen (Edding-Methode/Winkel-Formel), und die Klinge dennoch nicht scharf wird, dann nehmen Sie einen Schleifstein mit rauerer Struktur (niedrigerer Körnung)! Der weitaus größte Teil der Schleifarbeit wird von grobkörnigen Schleifsteinen erledigt. Erst wenn die Klinge spürbar scharf ist, wechselt man zu den feineren Körnungen, die zum Abziehen und Polieren geeignet sind. Nur zum Scharfhalten kann man gleich mit einem feinen oder sogar besonders feinen Schleifstein einsteigen.

Gängige Verfahren zum Ermitteln der Schärfe

Nur mit den Augen und dem Tastsinn lässt sich ganz gut feststellen, wie scharf eine Klinge ist. Schauen Sie bei guter Beleuchtung von oben – eventuell mit Hilfe einer Lupe – direkt auf die Schneidkante und drehen Sie die Klinge etwas hin und her. Ist die Schneidkante praktisch nicht zu erkennen, bedeutet das, dass sie sehr dünn und daher scharf ist.

Wo sich ein Grat aufgeworfen hat oder die Schneidkante noch zu breit ist, wird das Licht

Wird feines Papier mit minimalem Druck in einer ziehenden Schneidbewegung zertrennt, ist die Klinge scharf.

Es soll ja Messerfans geben, die keine Haare mehr an den Unterarmen haben. Woran das wohl liegt? Bei hoher Schärfe springen die Armhaare förmlich weg.

reflektiert. Hier muss entsprechend nachgearbeitet werden.

Schärfe lässt sich mit etwas Erfahrung auch ertasten. Legen Sie die Daumenkuppe vorsichtig auf die Schneide und drücken Sie mit dem Daumen ganz leicht quer gegen die Schneide. Dabei bekommen Sie einen Eindruck davon, wie „scharfkantig" die Schneide ist. Drücken Sie nicht von oben auf die Schneide, und ziehen Sie den Daumen auf keinen Fall in Längsrichtung darüber. Das kann ganz schnell zu schweren Verletzungen führen!

Ein beliebtes Verfahren ist auch das schräge Aufsetzen der Klinge auf die Haare des Hinterkopfs oder den Daumennagel. „Beißt" sich die Klinge sofort fest, ist sie scharf.

Beim Schärfen auf dem Bankstein wird die Klinge im Schleifwinkel angesetzt und nach vorne geschoben. Um der Wölbung der Schneide zu folgen, zieht man den Griff entsprechend zurück.

So schärft man die andere Klingenseite. Alternativ kann man die Klinge auch – ohne Griffwechsel – am entfernten Schleifsteinende aufsetzen und zu sich ziehen.

Fotos: Dr. Can Dörtbudak

Wissenswertes
Rasiermesser schärfen: Ran ans Leder

Das Abziehen und Schärfen von Rasiermessern ist im Grunde ganz einfach. Die Klinge eines Rasiermessers ist in ihrem Querschnitt bereits so angelegt, dass man sie nur mit der Rückenkante und der Schneide auflegen muss. Nur diese beiden Punkte der Klinge berühren den Abziehriemen oder den Schleifstein. Der Rücken wird nicht angehoben, denn das würde eine Mikrofase erzeugen, die beim Rasiermesser unerwünscht ist.

Die Schärfe eines Rasiermessers lässt sich je nach Bartwuchs und Häufigkeit der Nutzung über Wochen bis viele Monate allein durch Ledern erhalten. Ledern bezeichnet das Abziehen auf einem Hänge- oder einem Stoßriemen. Bei Letzterem ist das Leder fest gespannt. Das Ledern auf einem unbehandelten Lederriemen (eventuell auch mit Hanfschlauch auf der Rückseite) dient allein dazu, die extrem dünne Schneidkante aufzurichten. Die Schneide wird dabei hinter dem Rücken her gezogen und nicht ins Leder hinein geschoben. Wird das Leder mit Schärfpaste eingerieben, erfolgt ein minimaler Materialabtrag oder eine Politur.

Das Ledern wird nie direkt nach dem Rasieren vorgenommen, sondern stets vor der Rasur. Der Grund dafür liegt darin, dass die feine Schneide durch den Kontakt mit den Barthaaren teilweise umgebogen wird, sich aber nach einigen Stunden wieder von selbst in Form streckt. Grund dafür ist vermutlich die Zähigkeit des Stahls. Diese „Selbstheilung" will man ausnutzen: „Die Wate wächst", sagt man auch. Daher das Warten. Und daher haben Männer, die sich täglich rasieren, auch mindestens zwei Rasiermesser.

Ziehen Sie Ihr Messer vor dem Rasieren etwa 10-20 Mal pro Seite ab. So geht's:

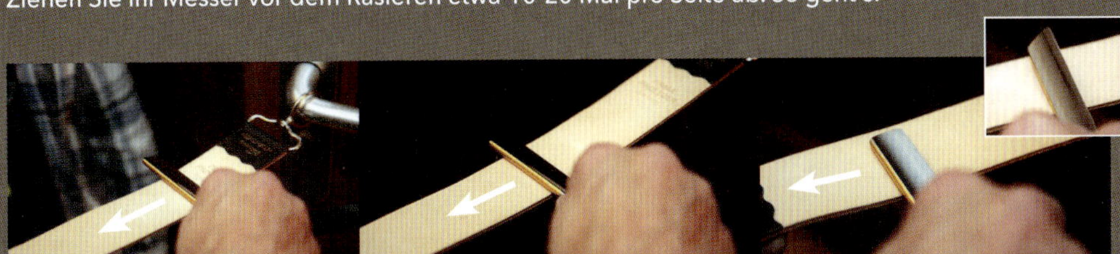

Riemen straffen. Klinge auflegen und ohne Druck mit dem Rücken voran zu sich ziehen. Klinge ausschließlich über den Rücken drehen.

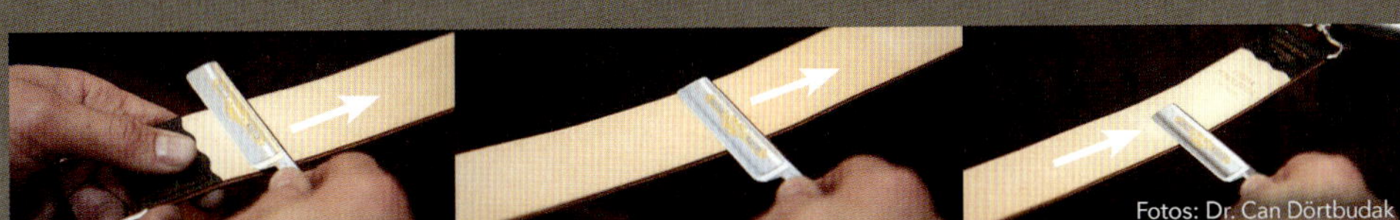

Zurück das Ganze. Bei schmalen Riemen wandert die Klinge über die Breite des Riemens, bis die gesamte Schneidenlänge abgezogen ist.

Rutscht sie ab, ist sie zu stumpf. Auch das Zerteilen von Papier (dünnes Zeitungspapier oder Zigarettenpapier ist besonders anspruchsvoll) gilt als Beleg für die Schärfe der Schneidkante. Lässt sich das Papier nur ziehend schneiden, ist die Klinge zwar scharf, aber noch recht rau. Man sollte mit einer feinen Körnung nachbessern. Zerteilt die Klinge das Papier allein durch Druck (an mehreren Klingenstellen testen), ist sie scharf und gut geglättet.

Was sich auch bewährt hat, ist das Rasieren der Unterarmhaare. Der englische Begriff „hair popping sharp" kommt nicht von ungefähr. Beim Kontakt mit einer richtig scharfen Klinge „springen" die Haare förmlich davon. Achtung: Rasiert die Klinge nur in eine Schubrichtung, bedeutet das meist, dass sich ein Grat an der Klinge befindet, den man entfernen sollte. Vorsichtiges Abziehen auf einem feinen Schleifmedium oder ein paar leichte Züge durch Weichholz wirken meist zuverlässig.

So schleifen Sie ein Messer mit dem Bankstein

Wer sich etwas mehr für Messer interessiert, sollte sich praktisch mit dem Schärfen der Klingen befassen. Denn auch Klingen aus dem härtesten und verschleißfestesten Stahl werden irgendwann stumpf. Und nur wer das Schärfen auf Banksteinen beherrscht, ist wirklich „frei". Das Freihand-Schleifen ist nicht schwer. Zumindest nicht so schwer, wie viele denken – oder wie manche glauben machen wollen. Alles was man dazu braucht, ist ein passendes Schleifmedium, über das man die Klinge möglichst konstant im passenden Schleifwinkel mit der Schneide voraus schiebt.

Ob man nun einen natürlichen Bankstein aus Belgischem Brocken benutzt, einen Schleifstein mit diamantbeschichteter Oberfläche oder einen japanischen Wasserstein – die Schleifbewegungen sind im Grunde dieselben. Wenn das Messer danach deutlich besser schneidet als zuvor, haben Sie gewonnen. Alles andere ist höhere Kunst.

Die folgenden Tipps stellen eine gute Basis dar, können aber individuell angepasst werden. Es gibt viele Wege, die zum Ziel führen. Üben Sie das Schleifen zunächst mit einfachen Messern (wie einem Opinel aus nicht-rostfreiem Kohlenstoffstahl), die leicht zu schleifen sind. So finden Sie ihren persönlichen Einstieg ins Thema, und die Bewegungen werden motorisch verfestigt.

Zur Vorbereitung richten Sie den Schleifstein so aus, dass sie bequem darauf arbeiten können. Ihn längs in „12-Uhr-Position" (plus/minus zwei Stunden) auszurichten, funktioniert für viele gut.

Eine Hand umfasst den Griff (bei Rechtshändern in der Regel die rechte Hand), die andere wird auf die Klinge gelegt. Platzieren Sie den Daumen dieser Hand auf dem Klingenrücken nahe des Griffs. Zeige-, Mittel- und Ringfinger werden auf der Klingenflanke positioniert.

Wer unsicher wegen des einzuhaltenden Winkels ist, markiert die Schneidfase mit Edding und/oder benutzt aus Pappe oder Holz gefertigte Winkelkeile, Abstandhalter oder Ähnliches.

Zur Schleifbewegung: Viele Profis empfehlen, die Klinge abschnittsweise in gerader

Linie über den Schleifstein zu führen. Für andere funktioniert eine umfassendere Bewegung besser, die einem Scheibenwischer ähnelt. Der Ellenbogen der Griffhand wird dabei zum Dreh- und Angelpunkt. Machen Sie das rechte Handgelenk steif und schieben Sie die Klinge aus dem Schultergelenk des linken Arms hin und her.

Wenn der Anstellwinkel grundlegend passt, werden sich kleinere, kaum zu vermeidende Verwackler und dadurch ausgelöste Winkelveränderungen nicht spürbar auswirken. Nur keine Hemmungen!

Schleifen Sie zunächst auf einem ausreichend groben Stein so lange, bis die Klinge spürbar scharf ist (Gratbildung). Wechseln Sie auf keinen Fall vorher zum feineren Stein, sonst dauert es deutlich länger oder wird gar nichts. Rund 80 Prozent der Schärfarbeit werden mit dem groben Stein gemacht.

Geschliffen wird abwechselnd die eine, dann wieder die andere Seite. Fünf bis 30 Züge auf der einen Seite, fünf bis 30 Züge auf der anderen Seite ergeben einen gleichmäßigen Materialabtrag an beiden Schneidfasen und sorgen für einen guten Rhythmus. Hier muss jeder selbst herausfinden, welche Sequenzen am besten „laufen“ und gute Ergebnisse bringen.

Seitenwechsel: Die linke Schneidfase im Vorwärtsschub zu schleifen, liegt den meisten Rechtshändern gut. Doch was, wenn die rechte Schneidfase dran ist? Dann behält man entweder den Griff in der rechten Hand, kippt den Rücken um, beginnt die Schleifbewegung am entfernten Ende des Schleifsteins und zieht die Klinge mit der Schneide voran zu sich her. Oder man nimmt den Griff nun in die linke

Der lederne Abziehriemen wird vorbereitet, indem man ihn mit Lederöl oder Ballistol einölt. Die Hautseite ergibt später etwas präzisere Ergebnisse.

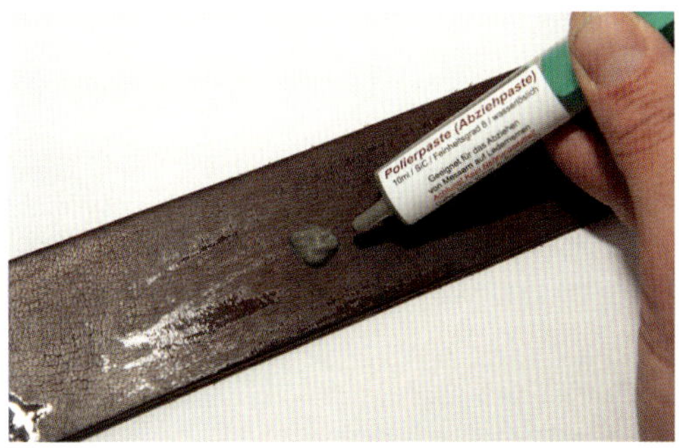

Darauf kommt bei einer Ledergröße von 20 mal fünf Zentimetern ein Tropfen Schleifpaste aus der Spritze (hier von Zische). Die Paste wird verteilt.

Nach zwölf Stunden mit einem Spachtel nacharbeiten. Dann noch mal zwölf Stunden warten. So behandelt reicht das Leder für Dutzende Messer.

Hand, schiebt die Schneide wie vorher von sich weg und hat so wieder die Höhe des Klingenrückens gut im Blick. Probieren Sie es einfach aus. Beides funktioniert. Hat die Klinge zur Spitze eine Rundung, dann folgen Sie ihr, indem sie den Griff im Vorwärtsschub sanft zu sich drehen. Behalten Sie dabei aber den ursprünglichen Anstellwinkel und heben Sie den Griff nicht an.

Hat die Klinge merklich an Schärfe gewonnen oder haben Sie gar schon das Grat-wechsle-die-Seite-Spiel hinter sich, kommt die Nacharbeit auf dem feinkörnigeren Finishing-Stein an die Reihe. Man wiederholt das Schleifen bis zur Gratbildung und schließt die Schleifarbeit mit einigen wechselseitigen, drucklosen Zügen über den Schleifstein ab.

Ist die Klinge scharf, zeigen sich auch unter der Lupe keine glänzenden Schneidenpassagen mehr. Wenn Zeitungspapier in einem Rutsch rupffrei zerteilt werden kann, dann ist die Klinge wirklich scharf. Schleif-Freaks und Liebhaber allerfeinster Schneiden krönen ihre Arbeit mit dem Abziehen auf Leder.

Abziehen auf Leder

Beim Abziehen auf dem Leder hat man unmittelbar Bilder von traditionellen Rasiermessern im Kopf. Tatsächlich kann das Abziehen auf Leder bei jedem Messer aus einer sehr scharfen Schneide eine höllisch scharfe machen. Und das mit relativ wenig Aufwand.

Als vorbereitende Arbeit wird dünnes und möglichst hartes Leder, das nicht mit Chrom gegerbt ist, zunächst mit einem nicht schleifenden Lederöl oder Ballistol behandelt und dann mit feiner Polierpaste (etwa Erbsengröße) eingerieben. Zum Verteilen zieht man

Auf dem Leder bewegt man die Klinge nicht gegen die Schneide, sondern...

...mit dem Rücken voran und im passenden Schleifwinkel. Arbeiten Sie ohne Druck.

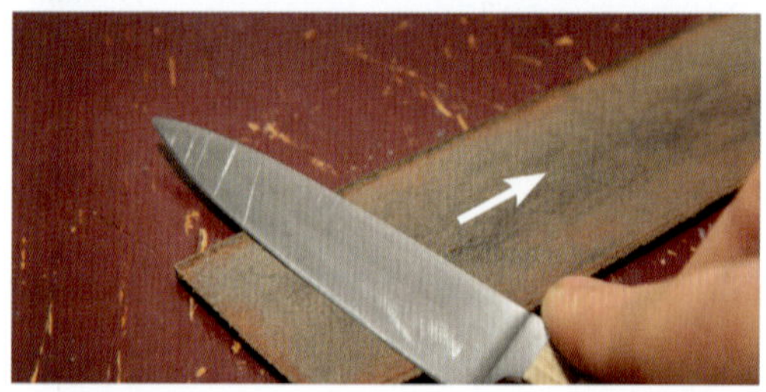

Auch die andere Klingenseite wird übers Leder gezogen und nicht geschoben.

Nach rund zehn Abziehbewegungen sollte der Grat entfernt und die Schneide poliert sein.

Wissenswertes

Sonderformen: Ballig und Compound Bevel

Ein Compound Bevel (zu Deutsch: eine kombinierte Schneidfase) ist ein aus mindestens zwei Winkeln zusammengesetzter Anschliff der Schneidfase. Er ist ziemlich beliebt und wird teilweise schon von Messerherstellern so angelegt, kann aber auch nachträglich problemlos angebracht werden.

Dazu schleift man die Schneidfase zunächst in einem feinen Winkel, bis sie scharf ist. Das Ganze „korrigiert" man dann mit einem aufgesetzten, etwas derberen Schleifwinkel, was die Schneidkante etwas weniger scharf, aber dafür stabiler macht. Die Kombination aus relativ feinem 30-Grad-Grundschliff (2 x 15 Grad) mit aufgesetztem 40-Grad-Schliff (2 x 20 Grad) als Mikrofase hat sich bewährt. Es sind aber auch andere Winkelkombinationen möglich.

Eine solcherart geschliffene Schneide ist schärfer als eine, die ausschließlich mit 2 x 20 Grad Schleifwinkel geschliffen ist, da die Klingenflanken direkt oberhalb der Schneide enger „zusammenrücken". Gleichzeitig ist sie stabiler als eine Schneide, die mit 2 x 15 Grad Schleifwinkel geschliffen ist.

Die Schneidfase kann auch ballig geformt sein. Das bedeutet, dass die Schneidfasen nicht geradlinig zusammenlaufen, sondern mit einer konvexen Außenwölbung. Um auf diese Weise geschliffene Messer zu schärfen, gibt es einen guten Trick: die Mousepad-Methode. Anstelle eines Schleifsteins nimmt man Nassschleifpapier der passenden Körnung, das man auf eine weiche, nachgiebige Unterlage klebt. Mousepads oder Moosgummipads sind dafür sehr gut geeignet.

Man führt die Klinge mit wenig Druck und mit dem Rücken voran über die Unterlage, wie beim Abziehen auf Leder. Durch den weichen Untergrund passt sich das Schleifpapier auch bei geringem Anpressdruck an die vorhandene Bogenform der Schneide an und formt diese nach. Setzen Sie das Messer lieber einen Tick zu flach als zu steil auf, sonst verrundet die Schneidkante zu leicht.

Auch beim Abziehen auf dem Schleifpapier folgt die Schneide dem Klingenrücken.

am besten Handschuhe an. Die in der Polierpaste enthaltenen Schleifpartikel (Aluminiumoxid, Siliziumkarbid, Diamantpartikel, Chrom- und Eisenoxid) werden durch Verreiben gut ins Leder eingebettet und sind in ausreichender Anzahl vorhanden, um etlichen Messern (bis zu 40) zu höchster Schärfe zu verhelfen.

Diese Mixtur lässt man zunächst zwölf Stunden ruhen. Dann reibt man die Schleifpaste nochmals mit einem flachen Spachtel, den man in einem sehr flachen Winkel übers Leder zieht, tief ein. Dann noch mal zwölf Stunden warten, bis alles fixiert ist, und es darf abgezogen werden.

Zum Abziehen zieht man die Klinge mit dem Rücken voran im passenden Schleifwinkel ohne Druck über das Leder, um abwechselnd die eine, dann die andere Schneidfase zu polieren. Wenige Züge (insgesamt zehn bis 20) sollten reichen, um einen eventuell vorhandenen Grat komplett zu entfernen und die Schneidkante zu polieren. Am Ende jedes Zugs nimmt man das Messer hoch oder kippt es über den Klingenrücken auf die andere Seite. Vermeiden Sie den Kontakt der Schneide mit dem Leder. Das könnte die frisch gewonnene Schärfe wieder ruinieren und zudem den Riemen beschädigen! Aus dem gleichen Grund schiebt man die Klinge nicht gegen die Schneide übers Leder: Sie könnte allzu leicht ins Leder schneiden und die Riemen ruinieren.

Kapitelzusammenfassung

Das wesentliche Merkmal jedes Messers ist seine Schärfe. Doch die Schärfe ist ein empfindliches Gut: Selbst die schärfste Klinge aus dem besten Stahl verliert mit entsprechender Benutzung irgendwann an Schärfe.

Die Schneidkante ist im besten Fall nur wenige Tausendstel Millimeter dick. Mit ihr drückt man in das zu schneidende Material hinein. Das stellt je nach Material eine hohe Belastung für die Schneidkante dar.

Porzellan zum Beispiel ist härter als Stahl und ein absoluter „Schärfe-Killer". Kartonagen und Seilarten wie Sisal besitzen in ihrer Struktur härteste Mineral-Verbindungen, die verschleißend, also abrasiv, wirken. Vor den mit Sand verkrusteten Borsten von Wildschweinen hat schon so manches Jagdmesser „seine Schärfe" ganz schnell gestreckt.

Infolge der Schneidbelastung kann der vorderste Bereich der Schneidkante umknicken. Das war es dann mit der Schärfe. Durch verschleißende Belastungen werden kleinste Stahlpartikel oder ganze Karbide aus der Schneidkante abgerieben oder „herausgerissen". Dadurch wird die Schneidkante zunehmend rauer und wandert langsam nach oben. Hat sie erst einmal eine gewisse Rauigkeit und Stärke erreicht, ist sie stumpf.

Doch das Tolle am Stahl – nach wie vor das Messerklingenmaterial Nummer eins – ist, dass man ihn wieder scharf bekommt. Für diesen Zweck nutzt man seit jeher besonders harte und glatte Natursteine. Natürliche Schleifsteine enthalten oft sehr harte Granatpartikel (Silikat) oder eingelagerte Korunde als Schleifkorn. In künstlich hergestellten Schleifsteinen werden Granulate aus Aluminiumoxid, Siliziumkarbid oder Chromoxid verwendet. Dank der Härte dieser Partikel lässt sich die Schneidkante – durch eine gezielte, geringfügige Materialabnahme – neu formen. Darum geht es beim Schärfen.

Das Schärfen auf dem Schleifstein oder mit dem Leder ist kein Hexenwerk und kann mit ein wenig Übung von jedem soweit erlernt werden, dass ein Messer wieder scharf genug zur Benutzung wird. Das wichtigste neben einem guten Schleifstein ist Geduld, Ruhe und ein passender Bewegungsablauf, der allerdings ein wenig geübt werden muss.

Zur Berechnung des Anstellwinkels gibt es eine Formel. Man kann sich zur Hilfe auch Winkelschablonen basteln. Erfahrene Schleifer hören und spüren es, wenn der Schleifwinkel stimmt. Dann muss die Klinge nur noch über den Schleifstein geschoben werden.

Inzwischen gibt es neben Schleifsteinen auch viele Schärfapparaturen, die das Nachschleifen erleichtern. Zurecht besonders beliebt sind der V-Schleifer „Sharpmaker“ von Spyderco, der mit seinen zwei Winkelvorgaben ein breites Spektrum abdeckt, und geführte Schleifstein-Systeme von Firmen wie Lansky oder Wicked Edge.

Die Schneidfähigkeit eines Messers resultiert vor allem aus dem Klingenstahl und seiner Wärmebehandlung, dem Klingenquerschnitt und der Schärfe. Das Nilte „Raggio“ ist ab Werk schon sehr leistungsfähig.

Glossar

Die wichtigsten Begriffe aus der Welt der Messer

AISI

Nummernsystem für Stahlsorten, vom „American Iron and Steel Institute“.

Angel

Gleichbedeutend mit dem Begriff Erl (engl. „Tang“): die Verlängerung der Klinge, die in den Griff hineinreicht. Man unterscheidet Flach-Erl und Rund-Erl (auch Flachangel bzw. Spitzangel genannt). Beim ersten sind beidseitig Griffschalen aufgebracht, beim zweiten ist der Griff auf den Erl gesteckt und verschraubt oder vernietet bzw. verklebt. Hochwertige Messer besitzen in der Regel einen durchgehenden Erl (engl. „Full Tang“), der ganz durch den Griff hindurch reicht.

Arc-Lock

Variante des Axis-Lock-Prinzips (siehe Stichwort), von der Firma SOG entwickelt. Hier ist der Arretierungsbolzen im Gegensatz zum Axis-Lock an einem drehbaren Hebel gelagert.

Assisted Opener

Engl. Begriff für einen halbautomatischen Springmechanismus bei einem Klappmesser. Hier muss die Klinge zunächst manuell ein kleines Stück aus dem Griff bewegt werden, bevor eine Feder den Rest übernimmt und die Klinge in die ausgeklappte Endposition befördert. Solche halbautomatischen Messer (auch Semi-Automatik-Messer genannt) gelten in Deutschland nicht als Springmesser und unterliegen dementsprechend nicht den gesetzlichen Beschränkungen für Springmesser.

Automatikmesser

auch: Springmesser (siehe Stichwort).

Axis-Lock

Ein Arretierungssystem des Herstellers Benchmade, bei dem ein kleiner Bolzen, der quer zur Längsrichtung im Griff angeordnet ist, per Federkraft hinter die Klingenwurzeln geschoben wird und dadurch die Klinge feststellt.

Back-Lock

Auch Lock-Back. Ein weit verbreiteter und bewährter Arretierungsmechanismus bei Klappmessern. Ein mittig gelagertes Verschlussstück im Klingenrücken greift mit einem hammerartigen Ende in die Klingenwurzel ein und hält sie fest. Der Hebel wird von einer darunter liegenden Feder im hinteren Bereich angehoben, so dass er in die Aussparung der Klingenwurzel gedrückt wird. Zum Lösen muss man auf das hintere Ende des Hebels drücken und ihn dadurch vorn anheben. Es gibt Varianten mit kürzerem oder längerem Hebel. Das bekannteste Back-Lock-Klappmesser ist das seit 1964 produzierte Buck „110 Folding Hunter“.

Ball-Bearing-Lock

Arretierungsmechanismus der Firma Spyderco, bei der eine Stahlkugel, die seitlich in den Platinen geführt ist, per Federkraft hinter die Klingenwurzel geschoben wird und die Klinge dadurch feststellt.

Balliger Schliff

Beim balligen Schliff sind die Klingenflanken nicht plan, sondern gerundet, mit mehr oder weniger stark ausgeprägter Außenwölbung. Häufig ist nur der Schneidenbereich ballig geformt. Der ballige Schliff ist sehr stabil und verkeilt nicht so leicht, weshalb man ihn oft an Haumessern und Beilen findet.

Besh Wedge

Spezielle Klingen-Schliffart, von Brent Beshara entwickelt. Die beiden Klingenseiten besitzen dabei einen einseitigen, meißelartigen Anschliff mit großem Winkel. An der Klingenspitze treffen sie zusammen und bilden dort eine kurze Schneide.

Bird and Trout Messer

Kompaktes Messer mit schlanker, nicht zu langer Klinge, das für feinere Schneidarbeiten, speziell zum Ausnehmen von Fischen, Vögeln und Kleinwild gedacht ist.

Blackwash-Finish

Eine Oberflächenbehandlung für Klingen und Metallgriffe: Zuerst wird eine dunkle Hartstoffbeschichtung aufgebracht (alternativ mit Säure dunkel geätzt). Anschließend werden die Metallteile in einer Trommel trowalisiert (siehe: Stonewash).

Blade Launcher

Ein manueller Öffnungsmechanismus für bestimmte Messermodelle. Das Extra-Bauteil sitzt am Griffrücken auf Höhe der Klingenwurzel. Zieht man den Hebel zu sich, gibt er der Klinge einen Impuls.

Blaupließten

siehe Satin-Finish

Button-Lock

Beim Button-Lock wird die Klinge durch einen Querbolzen unterschiedlicher Stärke arretiert. Zum Lösen wird von außen auf den Bolzen gerdückt, bis der verdickte Teil nicht mehr in die Klingenwurzel greift.

Brünieren
Ein Verfahren zur Schwarzfärbung von Schmiedeeisen oder niedrig legierten Stählen. Dazu werden die Gegenstände in hochkonzentrierte, siedende, alkalisch-oxydierende Salzlösungen eingetaucht, wodurch auf der Oberfläche schwarze Eisenoxiduloxidschichten entstehen (Eisen-III-Oxid), deren Schwarzton von der Werkstoffqualität, der Oberflächenbearbeitung, sowie von Art und Zustand des Brünierbads abhängt. Man wendet das Verfahren an, um den Werkstücken ein ansprechendes Aussehen zu geben und ihre Korrosionsbeständigkeit zu erhöhen.

Caping-Messer (Caper)
Kompaktes Messer mit kurzer, bauchiger und relativ feiner Klinge, das für jagdliche Schneidarbeiten gedacht ist.

Cerakote-Beschichtung
Cerakote (von NIC Industries) ist eine keramikbasierte Beschichtung, die in vielen Bereichen (Schusswaffen, Motorsport) verwendet wird. Sie bietet einen ausgezeichneten Korrosionsschutz, hervorragende Abriebfestigkeit, Härte und Haltbarkeit und soll Teflon-Beschichtungen bezüglich der Verschleißfestigkeit um über 60 Prozent übertreffen.

Clip
In der Regel ein Metallstreifen oder -bügel, der am Griff eines Klappmessers montiert ist. Mit dem Clip kann das Messer in die Hosentasche oder an einen Gürtel geklemmt werden. Zum ersten Mal wurde diese Lösung von der Firma Spyderco in Serie produziert. Es gibt auch Scheiden für feststehende Messer, die mit einem Clip ausgestattet sind.

Composite-Klinge
Bezeichnung der Firma Kershaw für Messerklingen, die aus zwei puzzleartigen Teilen bestehen und durch Hartlöten miteinander verbunden werden.

Compression-Lock
Ein Arretierungsmechanismus der Firma Spyderco, der im Prinzip wie ein umgedrehter Liner-Lock (siehe Stichwort) funktioniert. Hier liegt der bewegliche Liner nicht unten, sondern oben im Griff.

Concealex
Materialeigenschaften wie Kydex (siehe Stichwort), wird von Cold Steel verwendet.

Cordura
Ein Gewebe aus Nylonfasern, das wie viele weitere Kunststoffe von der amerikanischen Firma DuPont stammt. Der Schmelzgrad liegt bei 210 Grad. Die Nylonfaser wird geschnitten, neu versponnen und dann verwebt. Dabei entsteht ein sehr reißfester, stark beanspruchbarer Stoff, der auch im Outdoor- und Motorradbereich gern verwendet wird.

Daumenstift
Auch Daumen-Pin (engl. „Thumbstud"). Öffnungshilfe an der Klinge eines Klappmessers, um ein einhändiges Ausklappen mit dem Daumen zu ermöglichen. Der Stift kann einseitig oder beidseitig angebracht sein.

Daumenloch
siehe Öffnungsloch

DLC-Beschichtung
DLC ist die Abkürzung von „Diamond Like Carbon“. Diese sehr harte Beschichtung aus Kohlenstoff schützt vor Verschleiß und Korrosion und verbessert die Reibungseigenschaften. Die Schneiden nahezu aller Rasierklingen sind damit beschichtet, aber auch Messerklingen und Motoren für den Rennsport.

Double Action
Von einem Double-Action-Mechanismus spricht man, wenn sich bei einem Klappmesser die Klinge wahlweise manuell oder automatisch (per Knopfdruck o.ä.) ausklappen lässt.

Dreifinger-Messer
Kompaktes feststehendes Messer, an dessen Griff nicht alle vier Finger (der Daumen wird nicht mitgezählt), sondern nur drei davon passen. Analog dazu gibt es auch Zweifinger-Messer.

Dreilagenstahl
Der dreilagige Klingenaufbau lässt es zu, hoch gehärtete oder nicht-rostfreie Stähle als schneidende Kernlage einzusetzen. Der harte Kern wird durch weichere Außenschichten vor Korrosion, Schlag- und Biegebelastungen geschützt.

E-Lock
Bezeichnung des Herstellers CRKT für ein Messer und einen Arretierungsmechanismus, bei dem ein seitlich im Griff montierter, mittig gelagerter Riegel per Federkraft in eine Aussparung der Klingenwurzel greift und die Klinge dadurch aus- wie eingeklappt arretiert. Entwickelt vom Designer Allen Elishewitz.

Elastomer
Elastomere sind formfeste, aber elastisch verformbare Kunststoffe wie zum Beispiel Polyurethan. Die Gruppe der Elastomere zeichnet sich dadurch aus, dass sie sich bereits bei geringer Kraftwirkung dehnen und biegen lassen und ohne Krafteinwirkung wieder ihre ursprüngliche Form einnehmen. Sie sind Makromoleküle, die lediglich durch wenige chemische Vernetzungsbrücken verbunden sind.

Erl
siehe Angel

Falsche Schneide
Angeschliffener, aber nicht scharf ausgeschliffener Bereich auf dem Klingenrücken. Er beginnt in der Regel an der Spitze und reicht einige Zentimeter weit. Er macht die Spitze feiner, die Klinge eignet sich besser zum Stechen. Eine gleichbedeutende, aber etwas veraltete Solinger Bezeichnung lautet „Schor“. Die Begriffe „falsche Schneide“ und „Fehlschärfe“ (= Ricasso) werden oft verwechselt.

Fehlschärfe
siehe Ricasso

Fixed
Kurzform für „Fixed Blade Knife“, Bezeichnung für ein Messer mit feststehender Klinge.

Flachschliff
Die Klinge wird vom Rücken oder einer tiefer

gesetzten Anschliffkante aus in einem gleichbleibenden Winkel angeschliffen (Primärfase). Die Klingenflanken sind plan. Die eigentliche Schneide (Sekundärfase) setzt unterhalb dieses Schliffs an: Sie kann ebenfalls flach sein (in einem stumpferen Winkel als der Anschliff) oder ballig. Einen Flachschliff kann man auch auf 0, also bis zur Schneidkante, ausschleifen. In diesem Fall wird der Flachschliff ohne Sekundärfase bis zur Schneidkante durchgezogen (skandinavischer Anschliff).

Flachangel
siehe Angel

Flipper
Engl. Begriff für einen Klingenfortsatz nahe der Klingenachse bei einem Klappmesser. Dieser Fortsatz ragt bei eingeklappter Klinge aus dem Griff(-rücken) und ermöglicht es, die Klinge mit dem Zeigefinger aus dem Griff zu „schnippen". Bei ausgeklappter Klinge dient der Flipper als Handschutz. Erstmals eingesetzt vom US-Messermacher Kit Carson.

Fire-Safe
Sicherungsmechanismus für halbautomatische Messer (Assisted Opener) von Columbia River Knife & Tool. Ein Knopf im Daumenstift muss gedrückt werden, damit sich die Klinge ausklappen lässt.

Folder
Kurzform von engl. „Folding Knife", allgemeine Bezeichnung für Klappmesser.

Frame-Lock
Eine Variante des Liner-Lock-Mechanismus (siehe Stichwort). Hier ist der bewegliche Liner für die Klingenarretierung ein integraler Bestandteil des selbsttragenden Griffs, der aus Stahl oder Titan gefertigt ist. Bekannt gemacht wurde diese Variante vom Messermacher und Semi-Custom-Hersteller Chris Reeve (beim Messer-Modell „Sebenza") unter der Bezeichnung „Integral Lock".

Friction Folder
Friction ist der englische Begriff für Reibkraft. Bei Friction-Klappmessern wird das Ein- und Herausklappen der Klinge nur durch die Reibungskraft der Klinge an der Achse und dem Griff gehemmt. Es gibt keine Feder oder andere Haltemechanismen. Das französische Piemontais oder das japanische Higonokami sind Beispiele für diese Bauart.

Front-Lock
Bezeichnung des Herstellers Al Mar für einen Back-Lock-Mechanismus mit besonders kurzem Verschlussstück (mehr dazu unter dem Stichwort Back-Lock).

Full Tang
siehe Angel

Gefüge
Die individuelle Zusammensetzung des Stahls (Legierung) aus Eisen, Kohlenstoff und evtl. weiteren Legierungselementen wie Chrom bestimmt die Mikrostruktur (das Gefüge) des Stahls. Die Ausprägung des Gefüges kann durch die Wärmebehandlung gesteuert werden. Das Gefüge hat Auswirkungen auf me-

chanische Eigenschaften wie Härte, Verschleißfestigkeit, Zähigkeit, maximal herstellbare Schärfe, Rostträgheit und Schärfbarkeit.

Glide-Lock

Arretierungsmechanismus von Barry Gallagher, bei dem die drehbaren Backen mit Hilfe von Stiften die Klinge blockieren. Wird von CRKT in Serie produziert.

Guillochage

Eine alte Handwerkskunst, die der Verzierung von Uhren, Schmuck, aber auch Messern gewidmet ist. Dabei werden mit Hilfe von Feilen und anderen Werkzeugen dekorative Muster in die sichtbaren Teile der Rückenfeder und der Platinen graviert. In einigen französischen und italienischen Manufakturen hat jeder einzelne Messermacher sein eigenes Muster, ähnlich einer Signatur.

Guthook

Englische Bezeichnung für einen Reißhaken an einer Aufbruch-Klinge (auch Aufreiß-Klinge), im weiteren Sinn auch für die gesamte Klinge. Ursprünglich gedacht zum Öffnen (Aufbrechen) der Bauchdecke von erlegtem Wild im jagdlichen Einsatz. Inzwischen hat das gleiche Merkmal als Seilschneider bei Rettungsmessern weite Verbreitung gefunden.

Halb-Stopp

Ein Klappmesser-Merkmal zur Bediensicherheit: Dabei rastet die Klinge bei einem Ausklappwinkel von 90 Grad ein. Das wird durch eine rechteckig geformte Klingenwurzel oder eine Kerbe in der Klingenwurzel erzeugt, in die die Rückenfeder greift. Erst wenn man einen gewissen Widerstand überwindet, lässt sich die Klinge vollständig aus- oder einklappen. Im Englischen: „Half Stop".

Handschutz

siehe Parierelement

Heft

Altmodischer, vor allem in Solingen gebräuchlicher Begriff für den Messergriff.

Hohlschliff

Beim Hohlschliff sind die Klingenflanken nicht plan, sondern nach innen gewölbt. Er wird mit runden Schleifsteinen oder dem Kontaktrad eines Bandschleifers angebracht, wobei der Durchmesser des Schleifgeräts bestimmt, wie stark ausgehöhlt der Schliff wird. Je größer der Durchmesser des Steins oder Kontaktrads ist, desto mehr nähert sich der Hohlschliff dem Flachschliff an.

Hytrel

Markenname der Firma DuPont für thermoplastische Polyester-Elastomere mit hoher Elastizität, Reißfestigkeit und Schlagzähigkeit in einem großen Temperaturbereich von minus 40 bis plus 110 Grad Celsius.

Integral Lock

siehe Frame-Lock

Integralmesser

Bezeichnung für ein feststehendes Messer, bei dem Klinge, Erl und Parierelement (beziehungsweise Backen) dreidimensional aus einem Stück gefertigt (gefräst oder geschmiedet) sind. Wenn vorn und hinten am Griff Backen vorhanden sind, spricht man von einem Vollintegralmesser, sind nur vorn Backen oder ein Parierelement vorhanden, von einem Halbintegralmesser.

Interlock

Ein Klingen-Arretierungsmechanismus, entwickelt von Wilfried Gorski. Die patentierte Verriegelung wird über einen kleinen Schieber im Griffrücken betätigt, der zum Entriegeln gegen Federdruck zurückgezogen wird.

Kalgard

Englische Firma, die auf Beschichtungen und Schmiermittel spezialisiert ist. Hersteller von Polymer-basierten Beschichtungen für Messerklingen.

Karbide

Karbide (z.B. Chrom- oder Vanadiumkarbide) sind extrem harte Kohlenstoffverbindungen im Stahl. Diese mikroskopisch kleinen „Körnchen" sind für eine erhöhte Verschleißfestigkeit des Stahls verantwortlich. Ihre Größe und Verteilung hängt von der Legierung, aber auch mit der Wärmebehandlung und Herstellungsmethode ab. Bei Stählen für Messerklingen ist es von Vorteil, wenn die vorhandenen Karbide möglichst klein und gleichmäßig verteilt sind. Um ausreichend stabil verankert zu sein, müssen die Karbide, abhängig von ihrer Größe, von ausreichend „Fleisch" (Stahlmatrix) umgeben sein. Bei einem Stahl mit großen Karbiden kann man keine besonders kleinen Schneidenwinkel realisieren. Damit können solche Klingen nicht so scharf sein wie solche aus niedrig legierten Stahlsorten mit kleinen Karbiden.

Kevlar

Eine 1965 entwickelte organische Kunstfaser von DuPont, bestehend aus Polyamiden. Kevlar-Fasern zeichnen sich durch sehr hohe Festigkeit, hohe Schlagzähigkeit, hohe Bruchdehnung, gute Schwingungsdämpfung sowie Beständigkeit gegenüber Säuren und Laugen aus und sind darüber hinaus sehr hitze- und feuerbeständig. Kevlar schmilzt bei hohen Temperaturen nicht, sondern beginnt ab etwa 400 °C zu verkohlen. Bekannt wurde Kevlar vor allem durch den Einsatz in schusssicheren Westen.

Kick-Start

Ein automatischer Springmechanismus von SOG Knives. Die Klinge wird von einem längs liegenden Riegel im Griff blockiert. Zieht man den Riegel zurück, wird die Klinge durch Federkraft ausgeklappt.

Kydex

Ein harter Kunststoff, der aus einer Acryl-PVC-Legierung besteht. Durch Erwärmung kann das Material in eine neue Form gebracht werden, die nach dem Erkalten bestehen bleibt. Kydex ist leicht, kratz- und stoßbeständig, flammhemmend, chemisch resistent und eignet sich hervorragend zum Messerscheidenbau.

Lanyard

Englischer Begriff für den Fangriemen (Sicherungsleine), der in der Regel am Ende des Messergriffs an einer Öse oder einem Bügel befestigt ist. Er soll das Messer gegen Verlust sichern, das Griffgefühl verbessern und wird auch als Ziehhilfe genutzt.

LAWKS
„Lake And Walker Knife Safety", ein technisches Merkmal der Firma CRKT. Hier wird bei einem Liner-Lock-Klappmesser der bewegliche Liner von einem drehbar gelagerten Hebel blockiert und die Klinge dadurch zusätzlich gesichert. Bei der Variante „Auto LAWKS" erfolgt diese Sicherung automatisch, bei der ursprünglichen Version manuell.

Legierung
Die Legierung bezeichnet die Bestandteile des Stahls und ihr mengenmäßiges Verhältnis zueinander. Von der Legierung und der Wärmebehandlung hängen die Eigenschaften einer Stahlsorte ab.

Lever-Lock
Ein Arretierungssystem, das typischerweise bei traditionellem Springmessern verwendet wird. Eine seitlich am Griff montierte Blattfeder drückt den Arretierungsbolzen in die Klingenwurzel (bei ein- und ausgeklappter Klinge). Mit einem Klapphebel wird die Feder – und damit der Arretierungsbolzen – angehoben und die Klingensperre gelöst.

Levitator
Ein Arretierungssystem der Firma Benchmade, das mit einem seitlich montierten Schwenkhebel arbeitet, der die Klinge aus- wie eingeklappt feststellt.

Liner
siehe Platine

Liner-Lock
Ein Arretierungsmechanismus, der von handgefertigten Custom Knives stammt und in seiner heutigen Form vom US-Messermacher Michael Walker entwickelt wurde. Ein federnd beweglicher Teil der Platine (engl. „Liner") springt seitlich nach innen hinter die Klingenwurzel und arretiert die Klinge dadurch in ausgeklappter Position. Zum Einklappen muss der Liner zur Seite geschoben werden, was in der Regel per Daumen erfolgt. Im eingeklappten Zustand wird die Klinge mit einem Detentball gesichert, einem kleinen Kügelchen, das in den Liner eingepresst ist und in eine passende Vertiefung in der Klingenwurzel einrastet.

Lock-Back
siehe Back-Lock

Merc Harness
Bezeichnung der Firma CRKT für ein einfaches Schultertragesystem für Messer.

Mid-Lock
Bezeichnung der Firma Benchmade für einen Back-Lock-Mechanismus mit kurzem Verschlussstück. Gleichbedeutend mit Front-Lock.

Mono-Lock
Bezeichnung der Firma Benchmade für eine Liner-Lock-Arretierung, bei der die Sperrfeder ein Teil der Griffschale (aus Stahl oder Titan) ist. Gleichbedeutend mit Frame-Lock und Integral-Lock.

Nagelhieb/-hau
Aus Solingen stammender Begriff für die Nagelkerbe seitlich an der Klinge, mit der sich ein Klappmesser öffnen lässt.

Nak-Lok
Ein Arretierungsmechanismus, der vom Messermacher Seiichi Nakamura entwickelt wurde. Er arbeitet ähnlich wie ein Liner-Lock, wobei aber ein Bolzen seitlich in die Klingenwurzel einrastet. Wird von Benchmade in Serie produziert.

Neck Knife
Englischer Begriff für ein Messer (in der Regel ein feststehendes Messer, aber auch ein Klappmesser ist möglich), das an einer Kordel o.ä. um den Hals getragen wird. Neck Knives wurden primär für Wassersportler entwickelt, die keine Möglichkeit haben, ein Messer anderweitig am Körper zu befestigen.

Öffnungsloch
Das runde Loch in der Klinge wurde von Sal Glesser, Gründer von Spyderco, erfunden und ist ein Geniestreich in der Geschichte der Klappmesser. Das Loch dient zum einhändigen Herausklappen der Klinge und ist uneingeschränkt von Links- und Rechtshändern zu gebrauchen. Da die runde Form von Spyderco rechtlich geschützt ist, gibt es bei anderen Herstellern alle möglichen Abwandlungen.

Open-Frame
Englisch für „offener Rahmen“. Der Griff eines Klappmessers ist hier wie ein Rahmen aufgebaut, der Rücken ist offen und nur durch Stifte/Schrauben miteinander verbunden. Das erleichtert die Reinigung des Messers und verringert das Gewicht.

OTF
Ein in Deutschland illegaler Automatikmesser-Typ, bei dem die Klinge in gerader Linie vorne aus dem Griff schnellt. OTF steht für „Out the Front“. Bei Single-Action-OTFs muss die Klinge zum Schließen manuell entriegelt werden, bei Double-Action-OTFs reicht ein Zurückziehen des Schiebers.

Outburst
Bezeichnung von CRKT für einen halbautomatischen Öffnungsmechanismus.

Pancake-Scheide
Typisches Merkmal einer Pancake-(Pfannkuchen)-Scheide ist die relativ große Grundfläche. Seitlich sind Öffnungen für den Gürtel angebracht, entweder auf gleicher Höhe oder versetzt (für einen schrägen Sitz). Pancake-Scheiden sind meist aus Leder gefertigt.

Paracord
Handelsname einer reißfesten Nylonschnur, die einen geflochtenen Mantel und eine durchgehende Seele aus mehreren Einzelsträngen (meist sieben) besitzt. Abkürzung von Parachute Cord (Fallschirmleine).

Parierelement
Quer zur Messer-Längsachse angebrachtes Element zwischen Klinge und Griff, das die Hand vor dem Abrutschen in die Klinge schützen soll. Es wird daher auch Handschutz genannt. Das Parierelement kann beidseitig oder nur nach unten ausgeprägt sein. Der Begriff stammt von Blankwaffen, bei denen das Parierelement (Parierstange) die Aufgabe hatte, gegnerische Klingen abzuwehren.

Perlgestrahlt
Gleichmäßig stumpfe, matte, leicht raue Oberflächen von Messerklingen und anderen Teilen entstehen durch Strahlen mit Glasperlen. Dabei werden winzige Kügelchen aus Glas oder einem ähnlich harten Material mit großem Luftdruck aus nächster Nähe auf das Werkstück geblasen. Das Perlstrahlen wird oft mit Sandstrahlen verwechselt, das jedoch eine gröbere Oberfläche hinterlässt. Durch das Perlstrahlen werden kleinere Kratzer und Ungenauigkeiten in der vorhergehenden Bearbeitung kaschiert, so dass dieses Verfahren vor allem bei preiswerteren Messern angewendet wird.

Platine
Metallrahmen bei einem Klappmesser. Zwei Platinen (engl. „Liner") bilden in der Regel den tragenden Griffrahmen, darauf werden Backen und Griffschalen aus verschiedenen Materialien angebracht. Die Platinen bestehen traditionell aus Messing oder Neusilber, bei modernen Konstruktionen aus rostfreiem Stahl, Aluminium oder Titan. In Solingen werden auch diese Platinen „Erle" genannt, analog zu einem feststehenden Messer.

Pließten
siehe Satin-Finish

PTFE-Beschichtung
PTFE (Polytetrafluorethylen) ist ein Polymer aus Fluor und Kohlenstoff. Dieser Kunststoff wird oft mit dem Handelsnamen Teflon der Firma DuPont bezeichnet. Eine PTFE-Beschichtung schützt vor Rostbefall und vermindert Reibungskräfte. Der Abrieb ist in kleinem Umfang nicht gesundheitsschädlich. PTFE darf allerdings nicht über 200 Grad erhitzt werden, weil sich dann giftige Dämpfe entwickeln.

Pseunetic
Bezeichnung der Firma Kershaw für einen so genannten „Flipper" (siehe Stichwort).

Puzzle-Lock
Arretierungssystem von Bram Frank, bei dem die Sperrfeder in eine speziell geformte Aussparung der Klingenwurzel greift (wie ein Puzzleteil in ein anderes).

PVD-Verfahren
Beim PVD-Beschichtungsverfahren (PVD = Physical Vapour Deposition) werden metallische Hartstoffe wie Titannitrit, Titanaluminiumnitrit oder Titankarbonnitrit auf Metall-Grundkörper aufgebracht. Die Schichtdicken liegen im Bereich von 2 bis 5 µm (Tausendstel Millimeter).

Ricasso
Nicht geschliffener Bereich an der Klinge zwischen Schneide und Griff bzw. Parierelement, zu Deutsch „Fehlschärfe".

Rolling Lock
Bezeichnung des Messerherstellers Benchmade für einen Mechanismus, bei dem ein Bolzen, der quer zur Längsrichtung im Griff angeordnet ist, per Federkraft hinter die Klingenwurzeln geschoben wird und dadurch die Klinge feststellt. Der Bolzen wird an einem drehbaren Hebel geführt.

Rost
Rost ist Eisenoxid, ein Zersetzungsprodukt, das aus Eisen oder Stahl durch Oxidation mit Sauerstoff in Gegenwart von Wasser entsteht. Der Stahl wird allmählich „zernagt".

Rostresistent
Selbst sogenannte „rostfreie" Messerstähle können zum Rosten gebracht werden. Man spricht jedoch dann von rostbeständigen Stählen, wenn mindestens zwölf Prozent Chrom in der Grundmasse enthalten sind, so dass sich eine dünne, chromreiche Oxidschicht auf der Oberfläche des Stahls bilden kann. Diese durchsichtige Schicht schützt den darunterliegenden Stahl vor weiterer Reaktion mit der Umgebung.

Rotoblock
Diese Entwicklung der italienischen Firma Lion Steel basiert in den Grundzügen auf dem „Lockbar-Stabilizer" des US-Messermachers Rick Hinderer, wurde aber funktional deutlich verbessert. Beide verhindern bei Frame-Lock-Messern ein Überdehnen des verriegelnden Griffteils beim Entriegeln. Beim Rotoblock kann der federnde Platinenausschnitt durch Bedienen der Drehscheibe dauerhaft in der verriegelnden Position gehalten werden.

Sandstrahlen
Oberflächenbearbeitung mit einem feinen Sand, der mit hohem Luftdruck auf ein Werkstück geblasen wird. Messerklingen und andere Bauteile werden in der Regel nicht mit Sand, sondern mit Glasperlen gestrahlt (siehe Stichwort „Perlgestrahlt").

San Mai
Japanische Bezeichnung für einen dreilagigen Klingenaufbau mit einer harten Schneidlage in der Mitte und weicheren Außenlagen.

San Mai III
Bezeichnung der Firma Cold Steel für einen dreilagigen Klingenstahl.

S.A.T.
„SOG Assisted Technology", Bezeichnung des Herstellers SOG für den hauseigenen halbautomatischen Öffnungsmechanismus.

Satin-Finish
Hochwertige Oberflächenbearbeitung, die an der Poliermaschine vorgenommen wird. Sie erscheint als gleichmäßige Struktur feinster Schleifspuren, die in der Regel quer zur Klingen-Längsachse verlaufen. Je nach Feinheit der Politur werden verschiedene Qualitätsstufen unterschieden. Die aufwändigste Methode ist das „Blaupließten", eine Solinger Spezialität. Pließten bezeichnet generell die Feinpolitur.

Schor, Schör
siehe „Falsche Schneide"

Semi-Automatik-Messer
Messer mit halbautomatischem Öffnungsmechanismus (siehe Stichwort „Assisted Opener").

Skandinavischer Schliff
siehe Flachschliff

Slide-Lock
Klappmesser-Mechanismus, bei dem die Klinge duch einen federgeführten Schieber aus-

und eingeklappt arretiert wird. Diese Technik wird von Simbatec und von Gerber verwendet.

Slipjoint

Eine Klappmesser-Konstruktionsvariante, bei der die Klinge ausgeklappt von einer Rückenfeder in Position gehalten, aber nicht arretiert wird. Die dabei wirksame Kraft ist die Reibungskraft.

Snap-Lock

Bezeichnung der Firma CRKT für einen Arretierungsmechanismus für Messer mit seitlich ausklappender Klinge, entwickelt von Ed Van Hoy. Die Klinge ist zwischen zwei federnden Griffbügeln eingeklemmt. Zum Drehen werden die Bügel per Hebel auseinander gedrückt.

Speed-Safe

Bezeichnung des Herstellers Kershaw für den hauseigenen halbautomatischen Öffnungsmechanismus, entwickelt von Messerdesigner Chris Onion, der diese Art von Messer populär machte.

Springmesser

Ein Klappmesser, bei dem die Klinge auf Knopf- oder Hebeldruck aus dem Griff springt. Es gibt verschiedene Arten von Springmechanismen, die mit Spiralfedern oder Blattfedern arbeiten.

Stonewash-Finish

Eine Oberflächenbehandlung, bei der die Bauteile mit scheuernden, meist steinchenförmigen Schleifkörpern in einer Trommel „gewaschen“ (trowalisiert) werden, was zu einem zufälligen, feinen Kratzmuster führt. Dieses Muster verschleiert spätere Gebrauchsspuren.

Stud-Lock

Bezeichnung der Firma Kershaw für einen Arretierungsmechanismus, bei dem die Mechanik in der Klinge untergebracht ist. Der beidseitige Daumenpin wird von einer Feder nach hinten gedrückt und rastet in eine Aussparung des Griffs ein. Zum Lösen der Arretierung wird der Pin nach vorne gedrückt.

Suminagashi

Japanische Bezeichnung für einen mehrlagigen Klingenaufbau. Eine Suminagashi-Klinge besitzt eine zentrale Schneidlage aus einem harten Monostahl. Beidseitig sind mehrere Lagen aus zwei unterschiedlichen Stählen (Damast) auflaminiert.

Tactical Operation-Lock

Ein patentiertes Arretierungssystem der Firma Lion Steel, das Elemente von Slipjoint und Axis-Lock kombiniert. Ein gefederter Querbolzen verriegelt die Rückenfeder, so dass diese sich nicht wegbewegen kann. Wird der Querbolzen zurückgezogen, wird die Klinge nur durch den Federdruck in Arbeitsposition gehalten.

Tapered Tang

Englischer Begriff für einen durchgehenden Flach-Erl, der zum Ende hin verjüngt ist.

Tail-Lock

Eine Variante des Back-Lock-Mechanismus, bei dem die Arretierung durch Druck auf den Hebel ganz am Ende des Griffs gelöst wird.

Tek-Lok
Produktname einer Haltevorrichtung (mit Klammer), mit der eine Messerscheide aus Kydex (siehe Stichwort) in mehreren Positionen am Gürtel oder der Ausrüstung befestigt werden kann.

Textolite
Ein Verbundwerkstoff aus Phenolharz und verschiedenen Trägermaterialien (wie Baumwolle oder Glasfasern), der seit den 1950er Jahren hergestellt wird.

Thermoplastischer Kunststoff
Darunter versteht man einen Kunststoff, der unter Temperatureinwirkung seine Konsistenz verändert und formbar wird.

Tip-up / Tip-down
Die Möglichkeiten, ein Klappmesser am Körper zu tragen – mit der Klingenspitze (engl. „Tip") nach oben („up") oder nach unten („down"). Sie sind abhängig davon, wie der Befestigungsclip am Messer montiert ist – bei vielen Messern lässt er sich umsetzen. Bei einer Tip-up-Trageweise ist besonders wichtig, dass die Klinge im eingeklappten Zustand sicher im Griff gehalten wird und nicht versehentlich heraussteht, sonst besteht große Verletzungsgefahr.

Titan
Ein leichtes, sehr widerstandsfähiges, vollkommen rostfreies, antimagnetisches und antiallergisches Metall, das bei Messern vor allem als Werkstoff für Platinen und Backen zum Einsatz kommt, in Einzelfällen auch als Klingenmaterial. Für Backen und Griffe wird in der Regel Reintitan verwendet, für Platinen (vor allem bei Liner-Lock-Klappmessern) die federharte Titanlegierung 6Al4V. Titan ist bei ähnlicher Zugfestigkeit um etwa ein Drittel leichter als Stahl.

Trainerversion
Übungsvariante eines Messers mit einer ungefährlichen Gummi- oder Kunststoffklinge. Trainerversionen von Selbstverteidigungsmessern dienen dem gefahrlosen Üben von Anwendungstechniken.

Tri-Ad-Lock
Modifizierte Back-Lock-Arretierung der Firma Cold Steel mit separatem Klingenanschlag.

Tru-Sharp
Bezeichnung der Firma Case für rostbeständigen 420HC-Stahl.

Twin-Pin-Lock
Bezeichnung der Firma Böker für einen Arretierungsmechanismus mit einem radial angeordneten Bolzen.

Ultra-Lock
Bezeichnung der Firma Cold Steel für eine Variante des Axis-Lock-Prinzips (siehe Stichwort). Hier ist, wie beim Arc-Lock-Mechanismus von SOG, der quer hinter der Klingenwurzel liegende Arretierungsbolzen an einem Hebel gelagert.

Verschleißfestigkeit
Die Verschleißfestigkeit ist ein Maß dafür, wie gut ein Stahl mechanischem Abrieb wider-

steht. Vereinfacht lässt sich sagen: Je höher ein Stahl gehärtet ist, desto verschleißfester ist er. Einen noch größeren Einfluss haben allerdings die Anzahl, Größe und Verteilung von Karbiden in der Stahlmatrix.

Wärmebehandlung

Genau definierte Erwärmungs- und Abkühlungsvorgänge, um bestimmte Merkmale einer Stahlklinge wie Härte und Zähigkeit maßgeblich zu beeinflussen. Klingen aus Stahl werden häufig in weichgeglühtem Zustand in Form gebracht (gestanzt, geschnitten, gefeilt) und geschliffen. Zum Härten muss die Klinge erhitzt und eine gewisse Zeit auf dieser Temperatur gehalten werden, je nach Stahlsorte zwischen 800 und 1200 Grad. Die dabei entstehende Eisenstruktur heißt Austenit. Die im Stahl enthaltenen Kohlenstoffatome lösen sich dabei von ihren ursprünglichen Positionen und ordnen sich in diesem Gefügezustand auf Zwischengitterplätzen an. Kühlt man den Stahl nun schockartig ab, werden die Kohlenstoffatome im Eisengitter „eingespannt“. Diese Verspannung erzeugt letztendlich die Härte. Das so entstandene Gefüge heißt Martensit. Durch erneutes gezieltes Erwärmen (Anlassen) werden die durch das Abkühlen verursachten Härtespannungen etwas reduziert, der Stahl wird wieder etwas weicher, aber auch zäher. Durch anschließendes Tiefkühlen, das häufig vorgenommen wird, kann eine Verfeinerung des Gefüges erreicht werden.

Wave

Der Wave-Mechanismus (ein Begriff der Firma Emerson Knives) bezeichnet eine hakenförmige Ausformung am Ende des Klingenrückens bei einem Klappmesser. Zieht man das Messer aus der Tasche, bleibt der Haken am Rand der Tasche hängen. Dadurch wird die Klinge während des weiteren Ziehens automatisch ausgeklappt.

Wedge-Lock

Ein Arretierungsmechanismus der Firma Gerber, bei dem ein längs laufender Riegel von einer Feder hinter die Klingenwurzel geschoben wird.

Wolframkarbid

Diese extrem harte Verbindung wird aus den chemischen Elementen Wolfram, Kohlenstoff und Kobalt gebildet. Verwendet wird sie unter anderem für Werkzeugschneiden, Kugelschreiber-Kugeln und Glasbrecher.

Zweifinger-Messer

Kompaktes feststehendes Messer, an dessen Griff nicht alle vier Finger (der Daumen wird nicht mitgezählt), sondern nur zwei davon passen. Analog gibt es auch Dreifinger-Messer.

Die Zutaten im Stahl

Bezeichnung	Legierungsbestandteile in Prozent												Härte HRC
	Kohlenstoff	Chrom	Molybdän	Vanadium	Silizium	Nickel	Schwefel	Phosphor	Mangan	Wolfram	Kobalt	Stickstoff	
Nicht rostbeständige Stahlsorten													
0170-6C (50100B)	0,95	0,45	–	0,20	–	–	–	–	0,45	–	–	–	57-60
100Cr6 (1.3505)	1,00	1,50	–	–	0,25	–	–	–	0,35	–	–	–	58-61
1055	0,52-0,60	–	–	–	0,30	–	0,05	0,04	0,60-0,90	–	–	–	56-58
1065	0,59-0,70	–	–	–	0,30	–	0,05	0,04	0,60-0,90	–	–	–	56-59
1075	0,60-0,80	–	–	–	0,30	–	0,05	0,04	0,60-0,90	–	–	–	57-59
1095	0,90-1,04	–	–	–	0,30	–	0,05	0,04	0,60-0,90	–	–	–	58-61
1095 Cro-Van	0,95-1,10	0,30-0,60	0,06	0,16	–	0,26	–	–	–	–	–	–	56-58
1770 (Uddeholm)	0,70	–	–	–	0,30	–	0,01	0,03	0,50	–	–	–	57-59
5160	0,55-0,65	–	–	–	0,15-0,30	–	–	0,04	0,75-1,00	–	–	–	56-59
52100	0,95-1,10	–	–	–	0,15-0,30	–	0,03	0,03	0,25-0,45	–	–	–	58-61
55Si7 (1.5026)	0,52-0,60	–	–	–	1,50-1,80	–	0,05	0,05	0,70-1,00	–	–	–	56-58
6168CrV	0,65-0,75	0,30-0,35	–	0,10-0,15	0,20	–	0,03	0,08	0,60	–	–	–	59-61
65Mn	0,62-0,70	0,30	–	–	0,17-0,37	–	–	0,02	0,90-1,20	–	–	–	52-56
75Cr1 (1.2003)	0,70-0,80	0,30-0,40	–	–	0,25-0,50	–	0,03	0,03	0,60-0,80	–	–	–	56-59
80CrV2 (1.2235)	0,75-0,85	0,40-0,70	–	0,10-0,25	0,25-0,40	–	0,03	0,03	0,30-0,50	–	–	–	57-59
A-2	0,95-1,05	4,75-5,50	0,90	1,40	0,50	0,30	–	–	1,00	–	–	–	57-61
A-6	0,70	1,00	1,35	–	0,30	–	–	–	2,00	–	–	–	57-59
Aogami 1)	1,20	0,20-0,50	–	–	0,20	–	–	–	0,30	1,00-1,50	–	–	60-63
Aogami Super Blue	1,40-1,50	0,30-0,50	0,30-0,50	0,50	0,10-0,20	–	–	0,03	0,20-0,30	2,00-2,50	–	–	61-65
C30 (Bessemer)	0,27-0,34	–	–	–	0,40	–	0,05	0,05	0,50-0,70	–	–	–	52-54
C75	0,70-0,80	–	–	–	0,15-0,35	–	0,03	0,04	0,60-0,80	–	–	–	55-58
C80W2 (1.1625)	0,75-0,85	–	–	–	0,10-0,30	–	0,03	0,03	0,10-0,35	–	–	–	57-59
Carbon V	1,05	0,45	–	0,15-0,20	0,20	–	–	0,01	0,50	–	–	–	56-59
D2 (K110)	1,55	11,30	0,80	0,80	0,30	–	–	–	0,40	–	–	–	58-61
DNH7	0,60-0,80	–	–	–	0,30	–	0,05	0,04	0,55	–	–	–	57-59
INFI M	0,60	8,00	1,40	0,50	1,00	0,30	0,01	0,02	0,40	0,10	0,03	–	56-58
K720	0,90	0,35	–	0,10	0,25	–	–	–	2,00	–	–	–	59-62
L6	0,65-0,75	0,60-1,20	0,50	0,20-0,30	0,50	1,25-2,00	0,03	0,03	0,25-0,80	–	–	–	57-59
M2	0,95-1,05	3,75-4,50	4,75-6,50	1,95-2,75	0,20-0,45	0,30	–	0,03	0,15-0,40	5,00-6,75	–	–	59-64
O-1	0,85-1,00	0,40-0,60	–	0,30	0,50	–	–	–	1,00-1,40	–	–	–	57-61
PSF27	1,55	12,00	0,75	1,00	0,40	–	–	–	0,40	–	–	0,30	60-61
Shirogami 2)	1,20	–	–	–	0,20	–	0,03	0,02	0,20	–	–	–	59-63
Sleipner (Uddeholm)	0,90	7,80	2,50	0,50	0,90	–	0,01	0,03	0,50	–	–	–	60-62
SK-5	0,90-1,00	–	0,30	–	0,30	–	–	–	–	–	–	–	57-60
SK-7	0,65-0,75	–	–	–	0,10-0,30	–	0,03	0,03	0,10-0,35	–	–	–	56-59
SRK-8	0,95-1,10	0,20-0,50	–	–	0,10-0,20	–	0,03	0,03	0,25	–	–	–	60-61
T508 Carbinox	0,50	8,00	–	–	0,30	–	0,02	0,02	0,30	–	–	–	56-58
U8 (A)	0,76-0,83	0,20	–	–	0,17-0,33	0,25	0,03	0,03	0,17-0,33	–	–	–	56-59
Vascowear	1,12	7,75	1,60	2,40	1,20	–	–	–	0,30	1,10	–	–	58-61
W-1	0,70-1,50	0,15	0,10	0,10	0,10-0,40	0,20	–	–	0,10-0,40	0,50	–	–	57-63
W-2	0,85-1,50	0,15	0,10	0,10	0,10-0,40	0,20	–	–	0,10-0,40	0,15	–	–	57-63
XC 65	0,60-0,70	–	–	–	0,10-0,30	–	0,03	0,03	0,10-0,35	–	–	–	56-59
XC 70	0,65-0,75	–	–	–	0,10-0,30	–	0,03	0,03	0,10-0,35	–	–	–	56-59
XC 75	0,70-0,80	–	–	–	0,10-0,30	–	0,03	0,03	0,10-0,35	–	–	–	56-59
XC 90	0,85-0,95	–	–	–	0,10-0,30	–	0,03	0,03	0,10-0,35	–	–	–	57-59
YHB2	1,20	0,20-0,50	–	–	0,20	–	–	–	0,30	1,25-1,75	–	–	60-63
YK-30	1,05	0,50	–	–	0,40	0,25	–	0,03	1,00	–	–	–	57-59
YXR7	0,80	5,00	5,00	1,10	–	–	–	–	–	1,10	–	–	62-65

1) = „Blauer Papierstahl" (Hitachi), 2) = „Weißer Papierstahl" (Hitachi)

Bezeichnung	Kohlenstoff	Chrom	Molybdän	Vanadium	Silizium	Nickel	Schwefel	Phosphor	Mangan	Wolfram	Kobalt	Stickstoff	Härte HRC
Rostbeständige Stahlsorten													
1.4034	0,45-0,50	12,50-14,50	–	–	1,00	–	0,02	0,04	1,00	–	–	–	52-55
1.4109	0,65-0,75	14,00-16,00	0,40-0,80	–	0,70	–	0,02	0,04	1,00	–	–	–	55-57
1.4110	0,48-0,60	13,00-15,00	–	0,05-0,15	1,00	–	0,02	0,04	1,00	–	–	–	54-56
1.4116	0,45-0,55	14,00-15,00	0,50-0,80	0,10-0,20	1,00	–	0,02	0,04	1,00	–	–	–	56-58
1.4125	0,95-1,20	16,00-18,00	0,40-0,80	–	1,00	–	0,02	0,04	1,00	–	–	–	58-60
154-CM	1,05	14,00	4,00	–	0,30	–	–	–	0,50	–	–	–	58-61
420 (=420 J2)	0,40-0,50	12,00-14,00	–	–	1,00	–	0,01	0,02	1,00	–	–	–	52-55
420 HC	0,50-0,70	12,00-14,00	–	–	1,00	–	0,01	0,02	1,00	–	–	–	54-56
420 MoV (5Cr15MoV)	0,45-055	14,00-16,00	0,60	0,10	0,40	–	0,01	0,03	0,30	–	–	–	55-57
425 Modified	0,40-0,55	13,50-15,00	0,60-1,00	0,10	0,80	–	0,03	0,04	0,50	–	–	–	56-58
440 A	0,60-0,75	16,00-18,00	0,75	–	1,00	–	0,03	0,04	1,00	–	–	–	55-57
440 B	0,75-0,95	16,00-18,00	0,75	–	1,00	–	0,03	0,04	1,00	–	–	–	56-59
440 C	0,95-1,20	16,00-18,00	0,75	–	1,00	–	0,03	0,04	1,00	–	–	–	58-60
440 XH	1,60	16,00	0,80	0,45	0,40	0,35	–	–	0,50	–	–	–	58-62
3Cr13	0,25-0,35	12,00-14,00	–	–	1,00	–	0,03	0,04	1,00	–	–	–	54-56
4Cr15MoV	0,35-0,45	14,00-16,00	0,20	0,12	0,50	0,20	0,01	0,03	0,30	–	–	–	55-57
5Cr13	0,45-0,55	12,00-14,00	–	–	1,00	–	0,03	0,04	1,00	–	–	–	55-57
5Cr13MoV	0,45-0,55	12,00-14,00	0,60	0,10	0,40	–	0,01	0,03	0,30	–	–	–	55-57
7Cr13	0,65-0,75	12,00-14,00	–	–	1,00	–	0,03	0,04	1,00	–	–	–	55-57
7Cr17	0,65-0,75	16,00-18,00	–	–	0,50	–	0,01	0,03	0,30	–	–	–	56-58
7Cr17MoV	0,65-0,75	16,00-18,00	0,20	0,12	0,50	0,20	0,01	0,03	0,30	–	–	–	57-59
8Cr13MoV	0,75-0,85	12,00-14,00	0,15	0,10	0,50	0,20	0,01	0,02	0,40	–	–	–	58-59
9Cr13	0,90-1,05	12,00-14,00	–	–	0,80	–	0,01	0,03	0,80	–	–	–	56-58
9Cr18	0,90-1,05	16,00-19,00	–	–	0,80	–	0,01	0,03	0,80	–	–	–	56-58
9Cr18MoV	0,90-1,05	17,00-19,00	0,75	0,10	1,00	–	0,03	0,04	0,80	–	–	–	58-60

Bezeichnung	Legierungsbestandteile in Prozent												Härte HRC
	Kohlenstoff	Chrom	Molybdän	Vanadium	Silizium	Nickel	Schwefel	Phosphor	Mangan	Wolfram	Kobalt	Stickstoff	
9Cr13CoMoV	0,90-1,05	12,00-14,00	0,15	0,15	0,50	0,10	0,02	0,03	0,35	–	0,22	–	58-60
12C27	0,60	13,50	–	–	0,40	–	0,01	0,03	0,40	–	–	–	54-56
12C27 Mod.	0,52	14,50	–	–	0,40	–	0,01	0,03	0,60	–	–	–	54-56
13C26	0,65	13,00	–	–	0,40	–	0,01	0,03	0,65	–	–	–	55-57
14-4CrMo	1,05	14,00	4,00	–	0,30	–	–	–	0,50	–	–	–	58-60
14C28N	0,64	14,00	–	–	0,40	–	0,01	0,03	0,65	–	–	0,08	56-58
19C27	0,95	13,50	–	–	0,40	–	0,01	0,03	0,65	–	–	–	57-60
40X13	0,35-0,45	13,00	–	–	0,30	–	0,03	0,03	0,35	–	–	–	54-58
40X10C2M	1,05	14,00	4,00	0,20	0,50	0,60	0,03	0,03	0,50	–	–	–	57-58
65X13	0,60-0,75	13,00	0,75	–	1,00	–	0,03	0,04	1,00	–	–	–	56-58
95X18	0,95-1,00	17,00-19,00	–	–	0,80	0,60	0,03	0,03	0,80	–	–	–	58-60
110X18	1,10	17,00-18,00	0,30	–	–	0,50	0,03	0,03	0,50	–	–	–	58-61
Acuto +	0,90-0,95	17,00-18,00	1,30-1,50	0,10-0,25	0,50	–	–	0,04	0,50	–	–	–	59-60
Acuto 440	1,00	17,50	1,40	0,20	0,50	–	–	–	0,50	–	–	–	59-60
A.N. 58	0,45	13,50	–	–	0,35	–	0,02	0,02	0,50	–	–	–	56-58
ATS-34	1,05	14,00	4,00	–	0,35	–	0,02	0,03	0,40	–	–	–	58-61
ATS-55	1,00	14,00	0,60	–	0,40	–	–	–	0,50	–	0,40	–	58-61
AUS-4	0,40-0,45	13,00-14,50	–	–	1,00	0,49	0,03	0,04	1,00	–	–	–	52-55
AUS-6	0,55-0,65	13,00-14,50	–	0,10-0,25	1,00	0,49	0,03	0,04	1,00	–	–	–	55-57
AUS-8	0,70-0,75	13,00-14,50	0,10-0,30	0,10-0,26	1,00	0,49	0,03	0,04	0,50	–	–	–	57-59
AUS-10	0,95-1,10	13,00-14,50	0,10-0,31	0,10-0,27	1,00	0,49	0,03	0,04	0,50	–	–	–	58-60
AUS-118	0,90-0,95	17,00-18,00	1,30-1,50	0,10-0,25	0,50	–	0,03	0,04	0,50	–	–	–	58-60
BG-42	1,15	14,50	4,00	1,20	0,30	–	–	–	0,50	–	–	–	57-60
B75P	1,10-1,20	14,0-15,0	3,80-4,20	1,00-1,50	0,30	–	–	–	0,50	–	–	–	60-61
CRB-7	1,10	14,00	2,00	1,00	0,30	–	–	–	0,40	–	–	–	58-61
Cronidur 30	0,25-0,35	14,00-16,00	0,85-1,10	–	0,10	0,50	–	–	0,10	–	–	0,30-0,50	58-60
CTS-BD1	0,90	15,50	0,30	0,10	0,37	–	–	–	0,60	–	–	–	60-64
GIN-1	0,90	15,50	0,30	–	0,37	–	0,03	0,02	0,60	–	–	–	58-60
H-1	0,15	14,00-16,00	0,50-1,50	–	3,00-4,50	6,00-8,00	0,03	0,04	2,00	–	–	0,10	54-56
LC 200 N	0,30	15,00	0,95	–	–	0,50	–	–	1,00	–	–	0,50	58-60
LV04	0,90	18,00	1,15	0,10	–	–	–	–	0,07	–	–	–	55-58
MBS-26	0,85-1,00	13,00-15,00	0,15-0,25	–	0,65	–	0,01	0,04	0,30-0,60	–	–	–	56-59
MRS-30	1,12	14,00	0,60	0,25	1,00	–	–	–	0,50	–	–	–	58-61
MVS-8	0,85	14,00	2,50	0,15	0,50	–	–	–	0,50	–	–	–	58-61
N 680	0,54	17,50	1,10	0,10	0,45	–	–	–	0,40	–	–	–	53-58
N 690	1,05	17,00	0,50	–	0,40	–	–	–	0,40	–	1,50	–	59-62
N 695	1,05	17,00	0,50	–	0,40	–	–	–	0,40	–	–	–	57-60
Niolox (SB1)*	0,80	12,70	1,10	0,90	–	–	–	–	–	–	–	–	57-62
T6MoV	0,60	14,00	0,60	0,15	k.A.	–	k.A.	k.A.	k.A.	–	–	–	56-58
Uginox MA5MV	0,56-0,55	14,00-15,00	0,50-0,80	0,10-0,20	0,50-1,00	–	0,01-0,02	0,04	1,00	–	–	–	54-56
VG-10 (V-10)	0,95-1,05	14,50-15,50	0,90-1,20	0,10-0,30	0,60	–	–	0,03	0,50	–	1,30-1,50	–	58-61
VG-1	0,95-1,05	13,00-15,00	0,20-0,40	–	–	0,25	–	–	–	–	–	–	58-61
X15-T.N.	0,40	15,50	2,00	0,30	0,20	–	–	0,02	0,40	–	–	0,20	57-60
X46Cr13 (Z40C13)	0,45-0,50	12,50-14,50	–	–	1,00	–	0,02	0,04	1,00	–	–	–	52-55
X50CrMoV15	0,45-0,55	14,00-15,00	0,50-0,80	0,10-0,20	1,00	–	0,02	0,04	1,00	–	–	–	56-58
X55CrMo14 (Mova-60)	0,48-0,60	13,00-15,00	0,50-0,80	0,10-0,20	1,00	–	0,015	0,04	1,00	–	–	–	56-58
X65Cr13	0,58-0,70	12,50-13,50	–	–	1,00	–	0,02	0,04	1,00	–	–	–	55-57
X100CrMo13	0,95-1,05	12,50-13,50	0,40-0,80	–	1,00	–	0,02	0,04	1,00	–	–	–	58-60
Z60	0,60-0,65	14,00	0,55-0,60	0,15-0,20	–	0,15	–	–	0,45	–	–	–	56-58
Z70CD15	0,70	15,00	0,75	–	1,00	–	0,03	0,04	1,00	–	–	–	55-57
Pulvermetallurgisch erzeugte Stahlsorten													
Cowry X	3,00	20,00	1,00	0,30	–	–	–	–	–	–	–	–	63-64
CPM-154	1,05	14,00	4,00	–	0,30	–	–	–	0,50	–	–	–	58-61
CPM-10V	2,45	5,25	1,30	9,75	–	–	–	–	–	–	–	–	56-58
CPM-125V	3,20-3,40	14,00	2,50	11,50-12,25	0,40-0,60	0,40	0,03	0,03	0,40-0,60	0,50	0,50	0,10-0,50	59-64
CPM-15V	3,40	5,25	1,30	14,50	–	–	–	–	–	–	–	–	58-62
CPM-20CV	1,90	20,00	1,00	4,00	0,30	–	–	–	0,30	0,60	–	–	58-62
CPM-3V	0,80	7,50	1,30	2,75	–	–	–	–	–	–	–	–	55-57
CPM-9V	1,80	5,25	1,30	9,00	–	–	–	–	–	–	–	–	57-60
CPM-Cru-Wear	1,15	7,50	1,60	2,40	–	–	–	–	–	1,00	–	–	60-65
CPM-D2	1,50	12,00	1,00	1,00	0,60	0,30	–	–	0,60	–	–	–	58-61
CPM-M4	1,40	4,00	5,25	4,00	0,55	–	0,06	–	0,30	5,50	–	–	62-64
CTS-204P	1,90	20,00	1,00	4,00	0,60	–	–	–	0,30	0,65	–	–	58-62
CTS-XHP	1,60	16,00	0,80	0,40	0,40	0,30	–	–	0,50	–	–	–	60-62
Elmax Superclean	1,70	17,00	1,00	3,00	0,40	–	–	–	0,30	–	–	–	60-62
K190	2,30	12,50	1,10	4,00	0,40	–	–	–	0,40	–	–	–	60-64
K390	2,45	4,15	3,75	9,00	0,55	–	–	–	–	1,00	2,00	–	61-65
M390	1,90	20,00	1,00	4,00	0,70	–	–	–	0,30	0,60	–	–	58-61
PMC-27	0,60	13,50	–	–	0,50	–	–	–	0,50	–	–	–	54-56
RWL-34	1,05	14,00	4,00	–	0,50	–	–	–	0,50	–	–	–	58-61
SGPS	1,40	15,00	2,80	–	0,50	–	0,03	0,03	0,40	–	–	–	59-62
S30V	1,45	14,00	2,00	4,00	–	–	–	–	–	–	–	–	58-61
S35VN***	1,40	14,00	2,00	3,00	–	–	–	–	–	–	–	–	58-61
S60V (=CPM-440V)	2,15	17,00	0,40	5,50	0,40	–	–	–	0,40	–	–	–	56-58
S90V (=CPM-420V)	2,30	14,00	1,00	9,00	–	–	–	–	–	–	–	–	56-58
S110V**	2,80	15,25	2,25	9,00	–	–	–	–	–	–	2,50	–	58-61
Vanadis 4 Extra	1,40	4,70	3,50	3,70	0,40	–	–	–	–	–	–	–	60-65
ZDP-189	3,00	20,00	–	–	–	–	–	–	–	–	–	–	57-62

Für den Schmied im Mann

Messermachen für Anfänger
128 Seiten, Bestell-Nr. 100 0230
EUR 24,80

Messer schmieden für Anfänger
128 Seiten, Bestell-Nr. 100 0134
EUR 29,80

Klappmesser bauen für Anfänger
144 Seiten, Bestell-Nr. 100 0162
EUR 29,80

Damast-Messer schmieden für Anfänger, 104 Seiten, Bestell-Nr. 100 0170, EUR 24,80

Japanische Messer schmieden für Anfänger, 128 Seiten, Bestell-Nr. 100 0197, EUR 29,80

Back-Lock-Messer
144 Seiten, Bestell-Nr. 100 0135
EUR 29,80

Messerscheiden Band 1
144 Seiten, Bestell-Nr. 100 0153
EUR 29,80

Messerscheiden Band 2
144 Seiten, Bestell-Nr. 100 0171
EUR 29,80

Messerscheiden Band 3
160 Seiten, Bestell-Nr. 100 0210
EUR 29,80

Ebenfalls im Wieland Verlag erschienen

Stefan Schmalhaus
GENTLEMAN-TASCHENMESSER
Geschichte, Technik und die schönsten Modelle aus aller Welt
224 Seiten, Format 200 x 260 mm, Hardcover,
Bestell-Nr. 100 0221
EUR 39,90

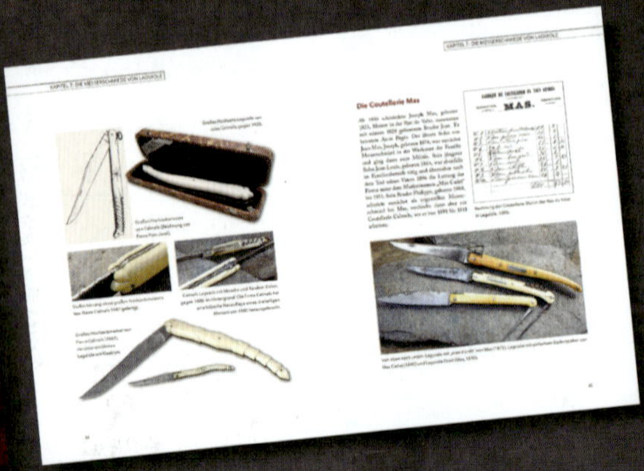

Christian Lemasson
DAS LAGUIOLE-MESSER
160 Seiten, Format 200 x 260 mm, Hardcover,
Bestell-Nr. 100 0219
EUR 39,90

Direktbestellung: www.wieland-verlag.com

Wieland Verlag GmbH
Rosenheimer Straße 22
83043 Bad Aibling